ムササビ

空飛ぶ座ぶとん

川道武男

交尾の季節。暗くなるのを待ちきれずに、オスはメスの巣へ飛ぶ。

築地書館

①ナンキンハゼを飛び出して滑空を始めたオス成獣。針状《しんじょう》軟骨《なんこつ》の展開がよくわかる（第１章）。陰嚢にはこげ茶色のシミがある。陰嚢の下は交尾栓分泌腺がふくらんでいて、第二の睾丸のようである（第７章）。

②滑空中のメス。両手を直角に曲げて前方に向けている（第１章）。外部生殖器の周辺は茶色のシミが見られる（第２章）。３ペアの乳首がかすかに認められる。

③

④

③寺の屋根裏に住む母娘が最も高い場所である鬼瓦の上に乗る。右側の母親がまず滑空し、続いて左側の娘が後を追う（第４章）。
④少しでも高いところから滑空したいので、ここに住んでいるオス成獣は必ず避雷針の上から出発する（第４章）。

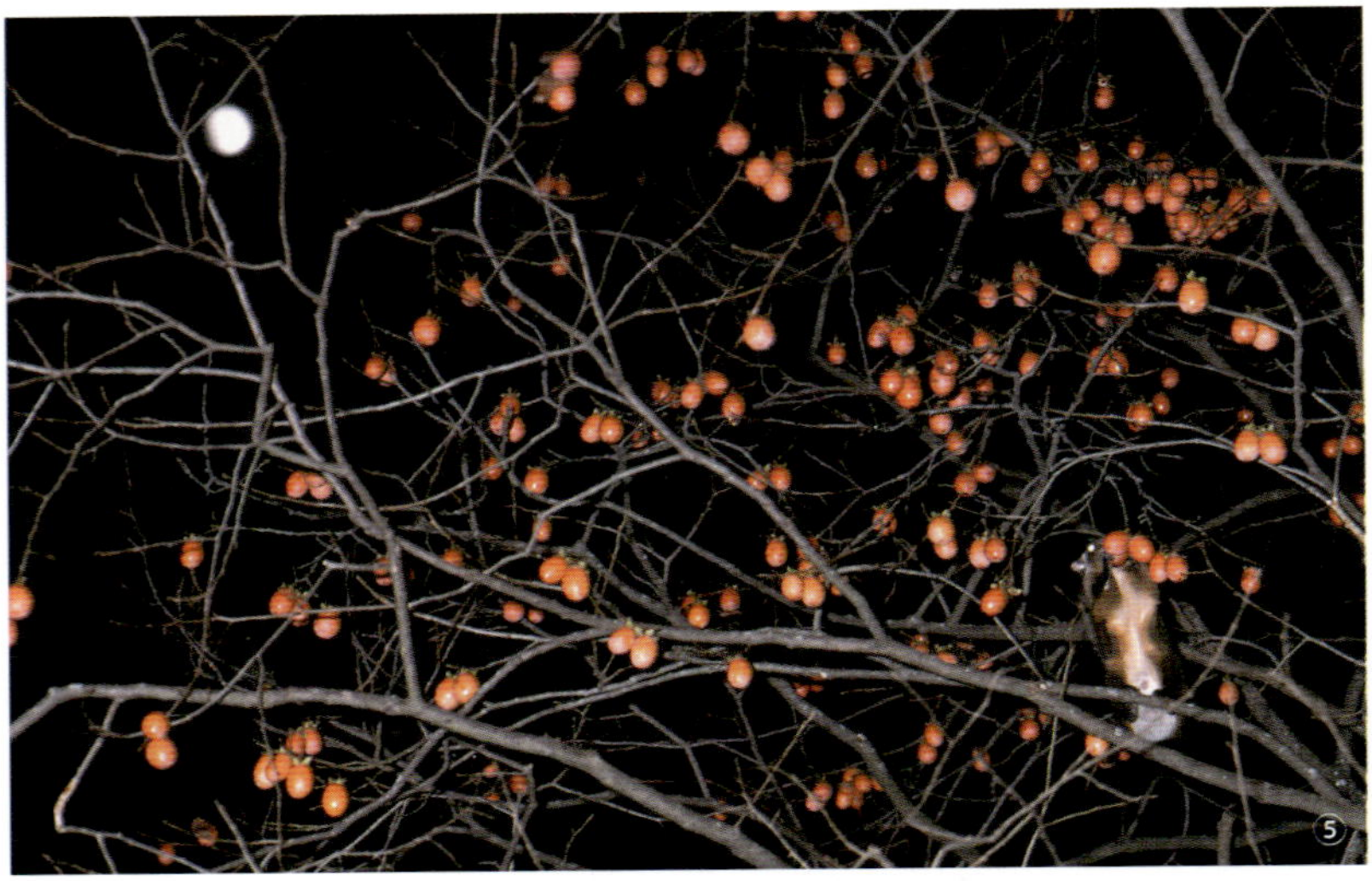

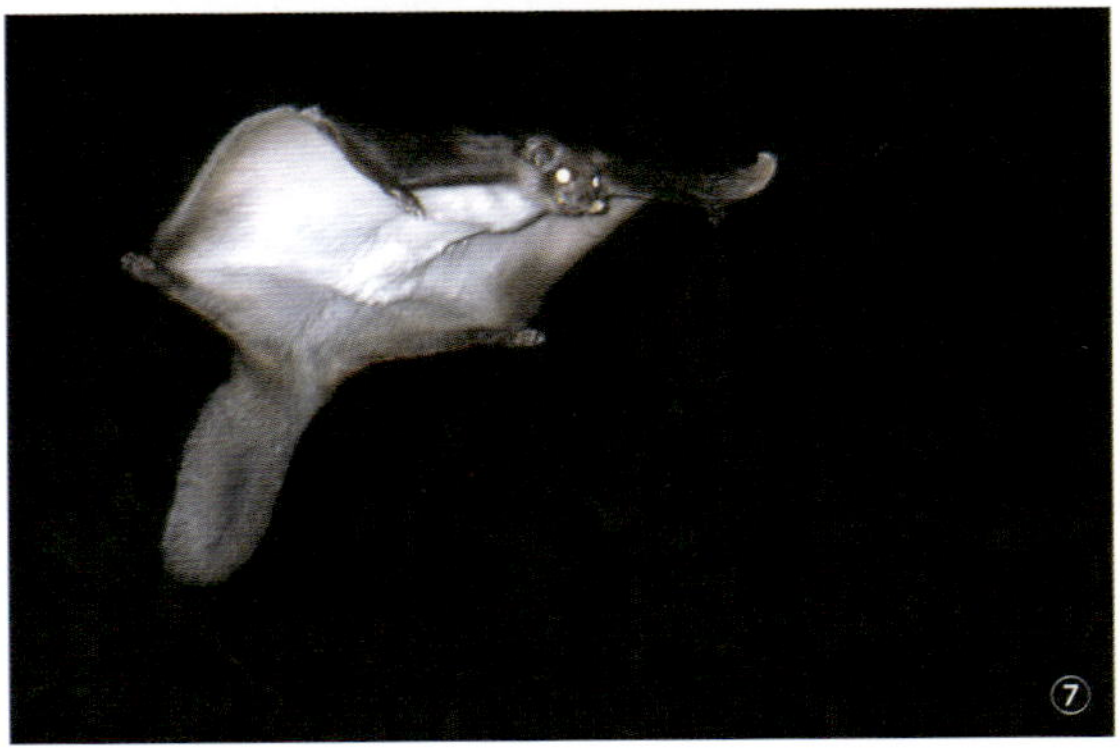

⑤交尾騒動が終わるとカキノキへ直行。月光の下で赤いカキの実にかぶりつくオス。おいしそうに見えるが、かじってみたら渋い！（第３章）
⑥母子でサクラの花を食べに来る。周辺の花はずいぶん食べられていた（第３章）。
⑦灰色の尾グレーテイルから命名したグレーテル（第２章）。子育て中で、繰り返し授乳のために帰巣する。食べかけのマツの実をくわえて急いで戻ってきた（第９章）。

⑧よほど気をつけないと、明るい枝の上でじっと待つオス成獣の姿がわからない。目の前には発情近いメスの巣がある。ときどき「ブブブ……」と弱く鳴く（第６章）。
⑨発情が近いメスの巣へオス成獣が訪れる。メスは交尾日であっても巣の中へオスが入ることを決して許さない。母子が顔を出した（第６章）。オスの尾は短い。

⑩交尾日の１週間くらい前から、メスの巣の周囲で、オス成獣同士が激しく争う。激しい爪音に、メス（中央）が顔を出すことがある。あたかも第一交尾オスを見定めているよう（第６章）。
⑪２頭目のオスが交尾を終えて分離した瞬間。最初のオスの精液がまだ固化していないうちに交尾したので、白い精液塊が飛び散る（第７章）。
⑫交尾栓と精液塊。白い交尾栓（左２つ）は湾曲している。右は不透明な精液塊で、新鮮な血液が付着している（第７章）。

⑬最初の交尾直後に、低い枝に来たメス。外部生殖器は充血して大きく腫れて、「五円玉」のようで、わずかに精液が付着する（第６章）。「五円玉」の左側のこげ茶の飛膜のヘリは、オスのスラストで濡れている（○印）。

⑭眼が開いていない幼獣を口で運び、引っ越し先の樹洞に入る母親グレーテル。引っ越しは頻繁である。母親は子の太もも付近をくわえている（第９章）。

⑮シルバーレディ（上。銀灰色という特異な毛色をもつことにより命名）の交尾日。数頭のオスと交尾した後に、このオスが接近してきた。すると、メスは交尾栓の排出を始めた（第７章）。

⑯いつもなら巣に滞在する明るい時刻に、メスの巣近くで待機するオスは「あくび」が出る（第６章）。
⑰イロハモミジの種子を食べに来たが、枝渡りの最中に足を踏みはずす。
⑱メスの巣近くで、オスが枝を「においかぎ」（第６章）。
⑲木登りでは、前足を左右に広げて、後足を跳ね上げるようにして上へ進む（第１章）。

もくじ

第6章　交尾をめぐるオスの争い　123

第7章　交尾栓の秘密　150

第8章　交尾期が年二回ある理由　165

序章　ムササビと生きる

古い雨戸の隙間から、午後の光が射しこむ。明るくなってから就寝したので、深い眠りに入れないままに眼が覚めた。疲れがとれた感覚はなく、足と肩にさらに疲労が蓄積したようで、体が重く感じる。しぶしぶ布団から抜け出て、食事をとり、調査道具を点検する。

ヘッドランプの断線がないか、乾電池の電圧が十分かを、チェックする。さらに予備の乾電池をリュックに入れる。双眼鏡のレンズが汚れていないかを調べる。観察ノートの残りのページと、シャープペンシルの芯の予備を確認する。これで、準備完了である。

今日の観察予定である巣の木で待っていると、予定通りの個体がひょいと顔を出した。そのとたん、研究者のスイッチが入った。この個体の最初の滑空を走りながら追いかけているのに、足と肩の疲労は消え去っていた。

私の調査地は有名な奈良公園である。ムササビは市街地に近い興福寺から春日大社まで、くまなく分布していた。春日大社の境内は木が密生していて、かえって観察しにくい。出会ったムササビを一頭ずつ識別していくと、公園全体の六五haを一巡するには数日かかる。

調査一年目の一九七八〜一九七九年は、一一七頭を個体識別した。六五haの広大な面積を歩き続け、次々と現れるムササビの個体識別に追われた。それぞれの行動圏を描いて、メスのなわばり制と、雌雄の空間構造を把握できた。そのため、交尾騒動（一二四頁参照）に遭遇しても、まさに偶然の出来事で、とても交尾データがとれるとは思わなかった。

一九八一年に菅原光二氏のムササビ写真集が出版された（菅原 一九八二）。そこで交尾期が年二回あることを初めて知り、すばらしい交尾騒動の写真に目を見張った。そこで改めて、今までの研究方針を転換して、交尾・繁殖戦略を研究の中心にすえることにした。

これまでの調査範囲を半分にして、上部（北部）の三〇haに縮小した。観察対象となるメス成獣を減らし、交尾、出産、子育ての繁殖過程をすべてつかもうと意気ごんだ。こうして、一九八三年四月から一九九一年一月まで八年間は、交尾期に全エネルギーを注いだ。交尾を観察するために要したのは年二回、合計一六交尾期間の九七六夜であった。三五頭のメス成獣を観察し、そのうち一三頭は六交尾期以上を観察した。

集中観察を開始するにあたって、最初の課題は全員の個体識別であった。一二倍の双眼鏡でも識別ができたが、発売してまもない一六倍までのズーム双眼鏡で、識別の問題は解決した（第2章）。次は、夜間撮影の機材の選択であった。なるべく明るい望遠レンズ、望遠レンズの倍率、なるべく強いストロボが必要であった。どのメーカーのどの製品を選択するか、「四〇の手習い」とつぶやきながら、なんとかムササビの全身が入り、ピントのあった滑空写真をめざしてあれこれと工夫する時間が楽しかった。

交尾期は年二回あるというものの、それぞれの交尾期がいつから始まり、いつ終わるかは、わかっていなかった。そこで、最初の交尾日を見逃さないように、初夏の交尾期観察は四月二〇日から、冬の交尾期観察は一〇月一日からスタートした。結果として、これらの観察開始日は交尾期の一カ月前であった。

各交尾期ですべての定住メスの交尾日を知ろうと頑張った。毎日、毎日、雨の日も、少々熱があっても、調査地に通い続けた。双眼鏡とカメラの重みが首枷《くびかせ》のように痛み続ける。四〇代の肉体にとって限界に近いと自分で感じていた。

交尾期間中、一カ月に二～三日の休みをとった。休日は、交尾騒動の兆しが何日にもわたって見られない日の翌日と、雨がひどい日である。クリスマスも大晦日も正月も休みはなし。帰り道に、クリスマスイブの夜にレストランで談笑するカップルを横目に通りすぎる。大晦日でにぎわう人々の間を足早で通りすぎて調査地に向かう。年末から正月は交尾が多く見られるので、正月も休むわけにはいかない。参拝客にじゃまされないように、暗闇から暗闇へと動き回る。今日こそは交尾日と確信して、土砂降りに近い雨の中でメスの出巣《しゅっそう》を待った。最初の交尾は確認できたが、双眼鏡も濡れてかすみ、雨が眼薬のように飛びこんできて、やむなく観察を中止した夜もあった。

長い調査年月にはいろいろなことが起こった。暗闇でヘッドランプが動き回るのを遠くから見て、「キャー、きつね火」とあわてて逃げる女性もいたし、酔っぱらったお坊さんが嫌みを言ってきたり、ホームレスらしい男が私を警官と間違えて急いで木に登り、警官でないとわかると逆に脅された。パトロール中の警官に「何をしているんだ」と職務質問され、「闇夜のカラスを追いかけています」と言って、ライトを消して藪の中を忍者の如くにすばやく動くと、二人の警官は襲撃を恐れたのか逃げ出してしまった。

最も困ったのは、近所の家の飼い犬が吠えることであった。私を警戒して鳴きやむことがないので、深夜に家人が起きてくる。吠えた相手が私とわかると、今までの鬱憤が爆発したのか脅しを受けて身の危険を感じた。重要な巣がその家の近くにあったが、やむを得ずその巣の観察を中止した。

交尾の夜、走り回って数時間、最後のオスが交尾を終えると、安堵感と疲労感に襲われる。メスは熱心に下腹部の毛づくろいをしたり、交尾栓を押し出して食べ始めたりする。やがてメスが独りで採食を始めると、帰宅につく。今日のめまぐるしい騒動や交尾のシーンが次々と脳裏に浮かんでくる。それらのシーンから、メスの移動ルートとオスの交尾順を脳裏で再現する。

交尾日の追跡がうまくいった日、交尾順の追跡が不完全であった日、どちらの場合も、次の交尾観察につながる決意になる。そのようなことを思い浮かべることすらできない疲れた夜も多かった。翌日に授業があると徹夜で観察したまま大学へ行くのだが、ぼんやり歩いていて財布を落としたこともあった。つくづく人間は夜行性にはなれないと悟った。

体力的に苦しかったが、調査そのものはじつに楽しく、自然科学に携わる喜びに浸った九年間であった。

こうやって私が知り得たムササビの世界をやさしく解説した。

さあ、本書を読んで近くの社寺へムササビ観察に出かけよう。明るいうちに社寺の観察許可を忘れずに。

第1章　滑空生活

　夕日が沈むとまもなく、大木の樹洞から顔を出したムササビは、するりと体を反転させて巣穴を抜け出る。太い幹を抱えるように、両手を左右に広げる。後足は「がに股」で、幹に爪をたてて体勢を保つ。後足をそろえて上へ跳ね上がると同時に、広げた両手を上方に移して、跳ねるように垂直の幹を登っていく。

　いくらか登ってから、太枝の付け根に乗り、糞をする。茂みの中から、糞がぱらぱらと葉に当たる音が届く。姿が見えないムササビを、木の根元で仰向けになって探す私の頭上に、ときには胡椒《こしょう》の粒のような糞が降り注ぐ。たくさんのノミにたかられている体を、後足の爪で掻いたり歯ですいたりしてから、再び梢へ向かう。

　わずかに西空に残っていたあかね色は消え、すでに闇一色に塗られている。一等星の輝きがしだいに力強くなってきた頃、やがて夜空にそそりたつ黒い梢に動くシルエットが現れる。ヘッドランプで照らすとチカッと反射する二つの眼は、クリスマスツリーの豆電球のようだ。

ヘッドランプの入射光の波長を、網膜の後方にある反射タペータムが、光受容器が最も感じやすい黄色の波長域に変換し、網膜に反射させる。わずかな光しかない暗闇でも、ものがよく見える仕組みである。反射タペータムからの反射光を、黄色の強い光で私に送り返してくる。

梢近くの枝に乗り、「グルグルッ、グルグルッ」と強い声をあげる。鳴いてまもなく、足元の枝を蹴って夜空に体を投げ出す。蹴った瞬間に開いた四肢の飛膜は「空飛ぶ座ぶとん」のようで、急降下してから、美しいカーブを描いて水平に近い角度で、黒い塊が高速で滑っていった。

ムササビとはどんな動物か

ムササビ（学名 *Petaurista leucogenys*）は樹上棲で夜行性のリスである。一〇種を含むムササビ属（*Petaurista*）は、熱帯アジアに広く分布し、南はジャワ島、西はアフガニスタンまで分布する（Nowak 1999）。ムササビは日本固有種で、北海道、沖縄、千葉を除く、四四都府県に生息する。島では小豆島に生息する。

注目されるのは、本州で唯一分布しない千葉県で（落合・繁田 二〇一〇）、縄文時代後期（約四五〇〇〜三三〇〇年前）にムササビの大腿骨の両端を切って管にした装飾品（管状垂飾品）が千葉県市原市、千葉市、君津《きみつ》市で出土している（市原市埋蔵文化財調査センター 二〇一四）。五〇〇〇年前の青森県三内丸山《さんないまるやま》遺跡からは、ノウサギに次いでムササビの骨が多く出土している。肉・毛皮が利用されたのであろう。

一五〇〇年前の成田市からは滑空姿勢のムササビ埴輪《はにわ》が出土している（川道・川道 二〇一〇）。日本の滑空性哺乳類には、他にモモンガ属（*Pteromys*）のエゾモモンガとニホンモモンガがいる。ムササビと分布域が重なる日本固有のニホンモモンガ（*Pteromys momonga*）はネズミサイズ（一五〇～二二〇g）で、子猫サイズのムササビ（四九五～一二五〇g）の六分の一の体重しかない。ムササビの頭胴長は二七二～四八五㎜、尾長が二八〇～四一四㎜（Ohdachi et al. 2009）であり、飛膜を広げると座ぶとんの大きさになる。日本列島は、熱帯に主に分布するムササビ属の最北の地であり、寒帯中心のモモンガ属の最南の地でもあるという特異な列島である。

　ムササビは平地から標高一〇〇〇m以下の山地には普通に生息し、都市近郊の社寺林にも定住する。生息場所の最高標高は、これまで尾瀬ヶ原の標高一六〇〇mであったが（岩崎 二〇一二）、岐阜県下呂《げろ》市の濁河《にごりご》温泉の標高一八〇〇m付近に生息することが最近わかった（梶浦 二〇一四）。北アルプスの徳本《とくごう》峠での二一六〇mが現在の最高標高である（菊地 二〇一五）。一方、ニホンモモンガはムササビより高い標高に生息し、標高が数百メートルから一〇〇〇mを超える。徳本峠の標高二〇〇〇m付近でも見られる（菊地 二〇一五）。最低標高は一〇〇mで（矢野 二〇〇九）、両種が共存する地域もかなりある（岩崎 二〇一二、岡崎 二〇一二）。

　熱帯が中心のムササビ属にあって、日本のムササビがこのような寒冷気候に適応しているのは、日本列島に閉じこめられたまま気候変動に耐え抜いてきたからであろう。

写真1-1　滑空しないときは、飛膜は波をうって折りたたまれている。

飛膜の構造

ムササビは飛膜（皮膜）で滑空する精巧なグライダーである。体には三つの飛膜がある。首と前足の間（腕前膜）、前足と後足の間（体側膜）、後足と尾の基部の間（腿間膜）である。前足と後足の間にある脇腹の体側膜は、面積が最も広い。約四〇㎝の成獣尾長のうち四分の一（基部から一〇㎝）までが腿間膜の飛膜になる。

飛膜は背中の皮膚と腹部の皮膚が合わさった薄い膜で、背中側の飛膜には背中の長い黒褐色の毛が、腹部側の飛膜には白い短毛が密生する。飛膜は伸縮性に富み、飛膜内には血管が縦横に走り、触ると柔らかで温かい。母親は体毛がまだ短い子どもと休息するときに、温かい飛膜を布団のように子どもにかぶせる。

木の上で動き回っているときに、飛膜は少しもじゃまにならない。なぜなら飛膜は細かに皺がよって縮んでいる。さらに、数ミリの太さの筋肉が三つの飛膜のへりを縁どっていて、へりの筋肉が収縮した脇腹の飛膜は波をうって折りたたまれている（**写真1-1**）。紐のような独特の筋肉は、凧のへりを補強するように、飛膜が裂けないようにも役立つだろう。

滑空していないときに飛膜がじゃまになったのを、一度だけ目撃したことがある。早朝に樹洞巣へ入ろうとしたが、入り口の突起に飛膜が引っかかり、後ずさりして入り直してまた引っかかった。結局、全身を外に出して改めて入り直した。

グライダーとしての特殊な構造は、前足手首の外側にある針状軟骨《しんじょうなんこつ》である（**図1-1**）。針状軟骨は長さ約八㎝で、プラスチックの爪楊枝の硬さをしている。針状軟骨の先端から脇腹の飛膜（体側膜）が始まり、後足の踵近くまでの飛膜を形成する。前足は後足より短いが、針状軟骨を展開すると短い前足の長さを補って、左右五〇㎝×前後三五㎝程度の四角形になり、座ぶとんを広げたように滑空する。

幼獣の針状軟骨は柔らかく、滑空中は弓のようにしなる。成長とともに、軟骨がしだいに硬さを増していく。針状軟骨の基部にヒゲと同じような剛毛が十数本生える。この剛毛は感覚毛であろうから、針

図1-1　前足と針状軟骨。針状軟骨には剛毛が分厚く生える。

状軟骨の状態を伝えるセンサーかもしれない。

滑空をしないときの針状軟骨は、腕の骨（尺骨《しゃっこつ》）に沿っていて、その存在が目立たず、樹上活動のじゃまにならない。しかし、滑空を開始した瞬間、飛び出しナイフのように九〇度まで展開する（口絵①②）。飼育下で、まだ滑空できない授乳期間中の幼獣を、背中をつまんで畳の上に放すと、みごとに四肢と針状軟骨を反射的に広げる。まるで、自動折りたたみ傘を開いたようである。枝の上で飛膜の腹側を毛づくろいするときは、片方の針状軟骨だけを開く。自分の意思で開閉自在である。

針状軟骨の背中側には、薄茶色の剛毛が密生して、分厚く盛り上がっている。この剛毛は最も硬い体毛で、背中を覆う黒褐色の柔らかな毛とはまったく異なる毛質である。飛膜先端にある針状軟骨は滑空中に枝葉に接触しやすいので、この剛毛が枝葉に接触したときの衝撃を吸収するのだろう。九年間の観察期間中に、針状軟骨との付着点が切れて、飛膜のへりがブラブラになった個体が二頭いたが、滑空にとくべつ異常は見られなかった。三〇〇枚を超える滑空中の写真を拡大鏡でチェックしたところ、針状軟骨に近い部位で五～七cmほど裂けている別の一個体を見つけた。しかし、針状軟骨が折れた個体はいなかった。この剛毛が針状軟骨の保護に役立っているのは間違いない。

航空機が空中に浮かぶ仕組みは、ムササビの滑空メカニズムを理解するのに役立つ。航空機の主翼は、断面を見ると、前面の上部が盛り上がっている。この構造により、翼の上面の空気速度が下面より早くなり、上面の気圧が下がって揚力が生じる。ムササビの脇腹の飛膜の断面を見ると、腕の骨と付着の筋肉により前面の上部が盛り上がり、後縁の飛膜部分は薄い構造になっている。滑空中、柔らかい飛膜は空気に当たり背中側にふくらむので、一段と揚力が増すだろう。

写真1-2　滑空中は針状軟骨とその上の剛毛がめくれ上がる。

前足の前面上部の盛り上がった構造が、針状軟骨を覆う盛り上がった剛毛まで、一体となった翼面を形成している。盛り上がった剛毛が揚力を生じる機能をもつかどうかは、航空力学的なテストが証明するだろう。

機内の窓から、主翼の先端が上に折れ曲がる構造に気づいた方は多いだろう。この構造をウィングレットと呼ぶ。飛行中、翼端から主翼を押さえつける気流（随伴渦）が発生し、主翼を後ろへ引っ張る力として働く。ところが、ウィングレットをつけると、四〜五％の燃料節約ができるほど渦を弱める効果がある。

滑空中の写真では、滑空中の針状軟骨は滑空開始まもなくから、やや背中側にそり返っている。下方から撮影するので、針状軟骨がはっきりと見え、その上にある剛毛が舞い上がるようにめくれている（**写真1-2**）。アメリカモモンガ（*Glaucomys volans*）の滑空を長年研究してきたソーリングトンは、航空機のウィングレットと針状軟骨のそり返りの類似を指摘している（Thorington and Ferrell 2006）。針状軟骨がウィングレットのような機能をもち、滑空速度が増し、揚力が高まり、滑空距離を伸ばすかどうかは将来の課題である。

ヒントになるのは、尾の先端まで飛膜に覆われる皮翼目のヒヨケザル（*Cynocephalus variegatus*）である。針状軟骨のような構造はなく、飛膜先端にある五本指のすべての指の間にある小さな膜を開いて、手全体が滑空中にめくれ上がる（片山 二〇〇八）。空中で広げる「水掻き」は、まるで生きたウィングレットのようである。完成度の高い飛膜をもつヒヨケザルでは、尾の先端まである腿間膜を上下に振って推進力にもする。体全体の飛膜面積に比べて指の飛膜はわずかな面積しかない。にもかかわらず、開閉したり手首を回したりして、滑空コースを調整できるという。

林道わきで有刺鉄線に引っかかっていたムササビが、偶然、車で通りがかった人に保護されて、我が家へ運ばれてきた。広げた飛膜が有刺鉄線に引っかかり、もがいて暴れたために、脇腹の片方の飛膜が手首の近くで半円形に切り取られ、ヘリの筋肉が切断されていた。かつて、有刺鉄線に滑空中の飛膜がからまって死亡した個体を回収したことがある。生きている間に偶然発見されたのは幸運と言うしかない。幸い、食物を受け入れて生き続けたが、右側の飛膜はだらんと垂れ下がり、ヘリの筋肉が飛膜を折りたたむのにいかに重要かと認識させられた。

一週間ほどたつと、飛膜内の血管が太くなって傷口へ向かって放射状に集中する様子が、腹側の白い飛膜で観察できた。侵入する細菌を白血球が攻撃し、失われた傷口の細胞を増殖させる栄養を送りこんでいる様子が想像できた。傷はしだいに小さな半円形になり、切断されたヘリの筋肉は回復しなかったものの固まって傷は治った。すると、残りのヘリの筋肉が働くようになり、垂れ下がっていた飛膜がほどほどに折りたたまれるようになった。

有刺鉄線に引っかかる時期は、たいがい交尾期である。発情メスに惹かれて、不慣れな場所でオス同士が争いながら活発に滑空するので、有刺鉄線に引っかかる事故が起こる。滑空中の広げた飛膜は、もがいて暴れるほどに有刺鉄線にからまってほどけないのだ。

樹上棲の哺乳類は一般的に尾が長い。曲芸の綱渡り師が長い棒を持ってバランスをとるのと同じように、ムササビもエゾシマリス（*Tamias sibiricus*）も細い枝先を移動するときに、尾を左右に振ってバランスをとる。ムササビの尾長は二八～四一㎝で、リス科動物の中でもトップクラスである。滑空中、尾をさかんに振ることがある。長い尾が滑空中の姿勢制御と方向転換にどれだけ機能するかは不明である。しかし、凧に尾をつけると凧が安定するので、長い尾にも同じ効果が期待できる。さらに尾長の約四分の一は尾と後足との間にある飛膜（腿間膜）に覆われるから、尾を振ることによって腿間膜の傾きが影響して、方向転換に効果があるかもしれない。もっとも、尾長が半分しかない個体が一頭いたが、普段の滑空ではとくべつ不安定ではなかった。

滑空生活への適応と考えられる形態としては他に、後足の足裏の厚い毛がある。足裏の厚い毛は、到着の衝撃をやわらげる機能と、垂直の木登りの際にスリップしないように摩擦を高める機能があると考えられる。ちなみに、エゾモモンガ（*Pteromys volans*）の後足はムササビよりも厚い毛で覆われている（浅利裕伸氏所蔵の標本）。寒い北海道で毛糸の靴下を履いているみたいで、断熱効果もあるかもしれない。

滑空の基本

スギの梢まで登りつめてきたムササビは、幹から枯れた横枝に乗った。しばらくじっとしていた後、滑空先の目標に向けてひょいひょいと頭を上下した。頭部を振って、滑空距離と到着地点を見定めているのだろう。すると、体を屈めてから、思いっきり後足で枝を蹴った。滑空だ！

空中に体を蹴り出した瞬間、四肢を広げる（**口絵④**）。私の調査地で撮影したＮＨＫの映像から測定すると、四肢の全開までに要した時間は〇・四秒であった（NHK 1991）。前足を左右に広げるが、前足の手は進行方向に曲げ、針状軟骨を広げる（**写真1-3**）。空中に飛び出して一、二秒は急カーブを描いて降下するが、加速がつくとゆるやかな角度での降下になる。尾も水平に近い。滑空速度は秒速七～一三ｍ（時速二五・二～四六・八㎞）である（Ando and Shiraishi 1993）。

目標の木に近づくと、水平に滑空する上体を垂直近くにまで起こすと同時に、左右に広げていた四肢をほぼ九〇度曲げて、前方へ向ける（**写真1-4**）。もう幹は眼前にある。そして、四本の足の爪でがっちり幹をつかむ。出発する梢と到着する幹は、自分の行動圏内で同じルートを繰り返し使っているから、露出した幹へ向けて一頭で滑空した場合は、幹をつかむのを失敗したことがない。

写真1-3　滑空の開始直後、飛膜の展開を始めた。

目標の木に近づいて上体を起こすと、飛膜全体に当たる空気抵抗が増して、滑空速度が目に見えて落ちる。尾も下へ垂らしているので、腿間膜も進行方向前面に向かって空気抵抗を増やす。飛膜全体は帆をふくらませた帆掛け船のようである（**写真1－4**）。たまたま私のそばの幹に着いたときは、飛膜が起こす風で、団扇で頬を叩かれるほどの風圧を感じた。

幹に到着する際は、滑空の高さがほとんど変わらないままに到着するか、ふわっと水平の角度からいくらか上昇して到着する。上昇するのは、上体を起こしたため速度が落ちると同時に揚力を得るからである。着陸する前の航空機が低空での失速を防ぐために、主翼の後部にある補助翼（フラップ）を下へ降ろして揚力を得るのと同じ効果であろう。

滑空する水平距離は、飛び出す高さによって異なるが、普通二〇～三〇ｍである。滑空比は〇・六～三・五であり、滑空比が二付近の記録が多い（Ando and Shiraishi 1993）。滑空比二とは、飛び出した高さ

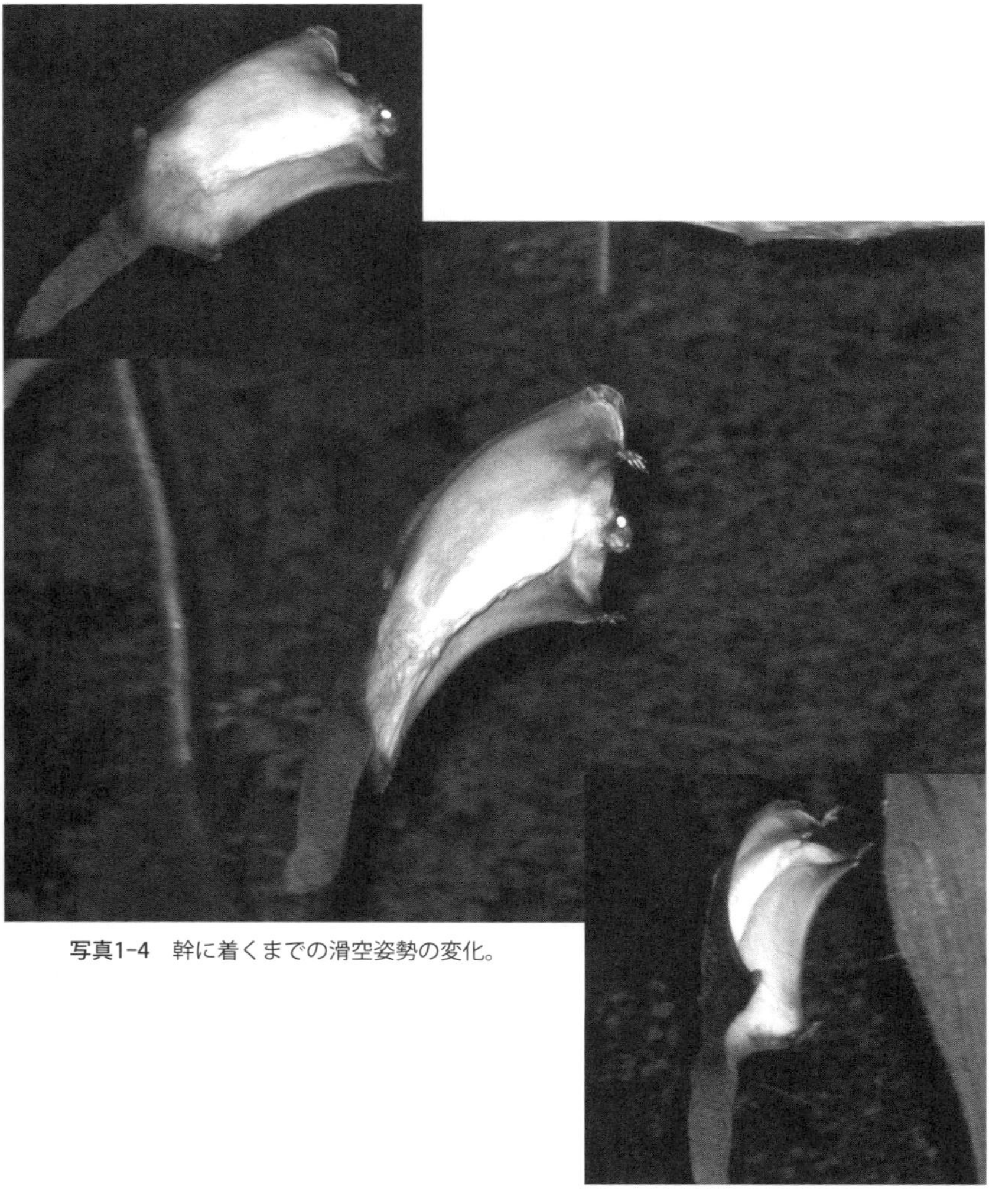

写真1-4　幹に着くまでの滑空姿勢の変化。

の二倍の水平距離を滑空することであり、二〇ｍの高さから滑空すると四〇ｍ先に到達する。同属のインドムササビ（*Petaurista philippensis*）の滑空比は二・三二（Koli et al. 2011）、エゾモモンガの滑空比は一・七（Asari et al. 2007）である。滑空性のリス科動物は、滑空比が二前後になると思われる。ムササビでは水平距離で最長一六〇ｍの滑空記録があり、ギネスブックに認定されている（今泉　一九八八）。要は、高みの丘やそびえる大木から谷へ向けた滑空など、高低差のある場所があるかという点と、飛び出す決断であろう。京都・清水寺の舞台からも滑空するとお坊さんから聞いた（川道　二〇〇七）。

ちなみに、滑空は移動手段としてエネルギーの節約になると思いがちだが、ヒヨケザルでは滑空前の木登りにエネルギーを費やすので、同じ距離を水平に移動するよりもエネルギーがかかる（Byrness et al. 2011）。滑空は移動時間の節約になるが、エネルギーの節約にはならないとの結論である。しかし、樹上生活者はいくつもの木を登り降りする必要があるのだから、飛膜がない樹上棲リスは木を降りるエネルギーと、次の木を登るエネルギーを消費しなければならない。移動手段だけに注目しないで、樹上生活を前提に考えると、滑空はエネルギーの節約になる。

木の根元近くに着いたムササビは、急いで垂直の幹に爪を引っかけて登る。よく利用する大木のスギは、幹に顔を近づけて根元から上を見上げると、樹皮が引っかけた爪で細かく毛羽立っている。ムササビが登ったときの爪痕が何十年と積み重なってできた、生活上重要な木である証拠である。この毛羽立ちは、木を登るのに使われたエネルギーが目で見える形で残されたものである。暗くなる前に、毛羽立ちを探してムササビの生息を確認し、辺りを見渡して、どの木から滑空してきたかを想定すると、夜間観察に役立つ。

滑空術

ムササビの滑空コースは、直線的だけでなく、半円を描くカーブもある。滑空中の姿を三〇〇枚以上撮影したが、カーブする際に針状軟骨を開閉させるとか、飛膜の形を大幅に変えるようには見えない。カーブしたい方向の前足をやや下げるだけで旋回する。さらに反対側の前足を同じ角度でやや上げて左右の飛膜を斜めにする場合がある。この姿勢の方が急激な旋回ができるのだろう。

航空機も旋回するときは主翼を傾ける。そうすると、通常垂直に働いている揚力が斜めに発生し、斜めの揚力の一部が垂直方向に働き、残りが水平方向に動作し、水平方向の揚力により旋回する。岡崎弘幸氏（二〇〇四）は、左右の飛膜のへりを縁取る筋肉の伸縮によって飛膜を旋回させると述べているが、この筋肉は細くて飛膜を旋回させるほどの収縮力はなく、従属的に伸縮するにすぎないと、私は推測している。

カーブする能力は大変有用で、木々の間をすり抜けるためや、到着する木へ正確に達するための調整に使う。松並木では、カーブを描いて道路に出て、数本先のマツに到達できる。目標の木の幹に到着できるように、滑空中は微妙に左右の飛膜の角度を変える。滑空速度を体全体で感じながら、どの程度に飛膜を調整すると目標の幹に到着するか、経験に加えて、常に計算しながら高速で滑空していると想像できる。風が強い日は、風で流されながらも、ちゃんと目標に届くのだから、相当な調整能力がある。

しかも、単純なカーブだけではない。梢から飛び出して、クルッと体を反転させ、同じ木の下方の幹

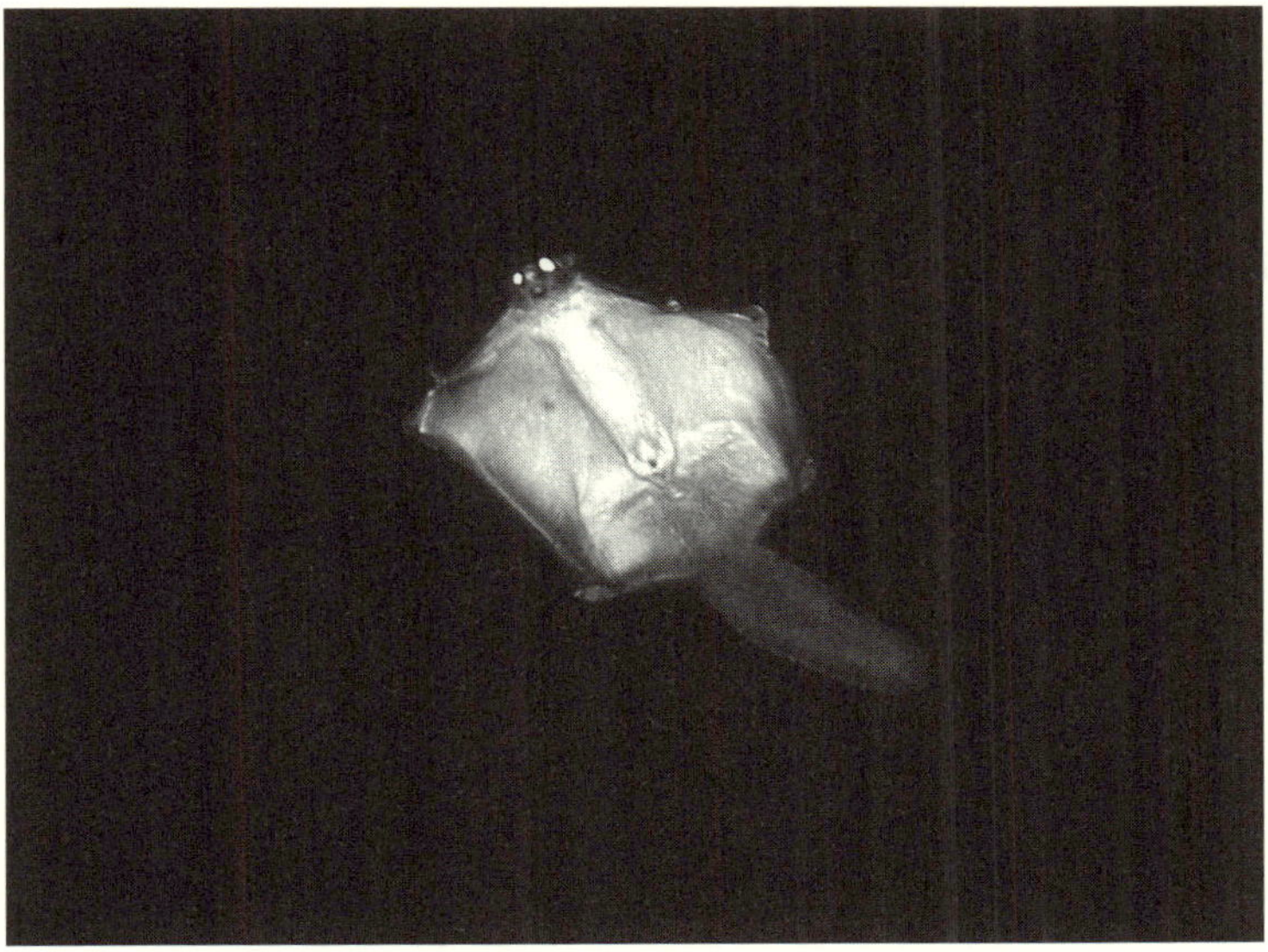

写真1-5　左右の手を動かして、樹間をすり抜けたり、方向を変える。

に「頭を上にして」着く技術がある。狭い木々の間を通り抜けるときは、広げた前足を後方にすぼめて、枝の間を高速でみごとにすり抜ける（**写真1-5**）。滑空中に前足や尾を動かして、カーブを描きながらじゃまになる木や枝を避ける。そのときに後足は広げたままであり、高度な滑空技術に関与しないように見える。

どんな樹形でも、飛び出す位置は通常、その木の最も高いところである。普通は梢付近から滑空を始めるが、状況によっては、幹に張りついた姿勢からでも、細い枝先からでも、巣穴の入り口からでも、滑空を開始できる。

しかし、二本の後足で力強く蹴り出せる位置からだと、飛び出し速度を速め、滑空距離を伸ばせる。そのような好適な場所は、梢近くにある水平の横枝である。通常の移動コースには、マツやスギなどの直立した樹形が選

写真1-6　茂みに飛膜を広げたまま突っこむ。

ばれる。なぜなら、枝は水平に伸び、樹高があり、出発点の梢にも到着点の幹にも滑空にじゃまな枝が少ないからである。マツやスギの幹の樹皮はざらざらと粗く、到着時に前足の爪でつかみやすい。しかし、こんもりした樹形をもつカシ類にドングリが実ると、葉の茂みに飛膜を広げたまま突っこんでいくか（**写真1-6**）、隣にスギやマツがあればその幹に到着してから枝伝いに移る。

滑空の失敗は、ときどき見られる。目標の木の近くで、ヘッドランプの光を避けるように急カーブして、別の木に変更したり、目標の幹からはずれて片手を伸ばしてやっと幹に引っかかったりする。飛膜を広げたまま砂利の地面に腹をこすって不時着したこともあった。しかし、カメラのストロボは、最強の製品を使って撮影したが、フラッシュの閃光時間が一〇〇〇分の一秒とごく短いためか、ム

写真1-7　夕方明るいうちにメスの巣へ向かうオス。梢から滑空せずに木の中ほどから滑空するので、滑空距離が足りずに、地上へ降りる。

ササビの行動への影響はほとんど見られなかった。

　しかし、滑空中に電線に触れると、電線の真下の地面に叩きつけられる。飛膜を広げて自由に空を切っているが、失速したとたん、羽ばたく鳥ではなかったと気づかされる。昼行性が大部分のリス科動物で、滑空性の種《しゅ》だけが夜行性である。その理由は、昼間に滑空すれば猛禽類に見つかりやすく、猛禽類に襲われると真下に落下するしかないからだろう。ハヤブサは時速二〇〇kmで飛べるが、ムササビは最速で四七kmしかなく、すばやい方向転換もできない。ちなみに夜行性のフクロウは時速七二kmであり、ムササビ幼獣が目の前で襲われたことがある。

　ムササビが自発的に地上へ向けて滑空することは、ごく稀に起こる。しかし、それは「やむを得ない」事情のときに限られる。①

定住メスのなわばりを奪おうと侵入したメスが、定住メスに追われて逃げ場がなくなって地面へ滑空した（一例）、②発情メスの巣へ向かうオスは、まだ明るいうちは梢を避けて中ほどの高さの枝から滑空するので、目標の木に届かずに地上を走った（四例、**写真1-7**）、③攻撃する高順位の個体が、劣位個体の逃げた先の幹の上方に到着したときに、劣位個体は地上へ滑空して別の木へ走った（四例）。

木の上で移動中に誤って落下することもある。とくに外出を始めたばかりの若い個体は、足の置き場所を間違えて枝を踏み抜くか、枯れ枝に足を置いて落下する。たいていは途中の枝をつかみ、地面まで落ちるのは稀である。他の個体に攻撃されて地上へ落ちたり、交尾中にメスがオスの体重を支えきれずに二頭とも落下したり、二頭のオス成獣が発情するメスの巣の木で戦ってボール状になって落下したりする。四肢が木から離れた瞬間に飛膜を広げるので、地上に落下した衝撃ははるかに弱められる。

私は観察していないが、幹から根元へ降りて、木の周囲で食物を探すような行動が報告されている（浅利ほか 二〇〇五）。台湾のオオアカムササビ（*P. philippensis*）は、しばしば幹から根元へ降りる。私が台湾南部で観察していたとき、私がかなり近くにいたのに、木からゆっくり降りて、土を熱心に食べ始めた。目の前で動いている動物がムササビの仲間とは信じがたい光景であった。

滑空かジャンプか

太い枝を広げる広葉樹の大木に来たムササビは、枝から枝へ移動するたびに、ジャンプするか滑空す

写真1-8　上方の太枝へ移動するときはジャンプ。コナラの花は早春の好物である。

るか、選択をせまられる。近い距離では飛膜を広げずにジャンプする。とくに、上方の太枝へ移動するときはジャンプである（**写真1-8**）。しかし、離れた太枝への移動では、やや下方に短く滑空する。

ジャンプでは前足を前方に伸ばして後足で跳躍するだけですむ。しかし、滑空では前足を左右に広げて滑空し、目標に着く直前に四肢を前方に伸ばす必要がある。おそらく一秒以内にすばやく四肢の動作を終えなければならない。針状軟骨を一度完全に広げて、すぐに折りたたむ。しかし、これらの一連の動作はスムーズで、太枝の間の滑空は頻繁にある。

枝先へ行くのは、枝先の食物をとるためか、隣の木へ移る場合である。食物となる新芽や花や種子は、すべて細い枝先につく。滑空しづらい樹形の広葉樹が食物を提供しているときは、枝伝いで隣の木へ移れるなら、隣の木の枝をつかんで確実に渡る。隣の木の枝が少し離れていて、手が届かないときは、足元が不安定な枝先から飛膜を広げて隣の木の茂みへ突っこむ。このとき、バシャッと相当に大きな音をたてる。これは遠くにいるムササビの居場所を発見できるうれしい音でもある。

降りるのは苦手

離れた木へ移動しようとするエゾリスは、幹の根元まで降りて、地上を跳ねるように走る。幹を降りるときは、頭を下にして幹に張りつき、前足を幹に対して突っ張るように立て、後足をがに股風に広げた姿勢で、後足の爪で体重を支えながら木を降りる。垂直の幹で体重を支えるのは後足だけといってよい。樹上棲リスの中で最大のインドオオリス（*Ratufa indica*）も同様で、後足の爪だけで一・五～二kgの体重を支える。

ムササビはもっぱら滑空で移動し、幹を降りる必要はほとんど生じない。ときどき木の下方へ降りるが、その状況とは、①帰巣や巣穴の点検のために、巣穴より上方の幹に到着した場合、②メスのなわばり行動で追われた侵入メスが下方へ逃がれる場合や、メスに攻撃されたオス成獣が下方の枝に逃げる場合、③オス成獣が他のオスを攻撃するために下方へ降りる場合、④外出を始めた幼獣が巣穴の上方へ外出してから巣穴へ戻る場合や、巣穴の上方にいる子どもを母親が巣穴まで誘導する場合があり、母子の滑空で子どもが母親の木の下方に着いた場合にも、幹を降りる。巣穴から幼獣を口にくわえて、同じ木の下方にある巣穴へ引っ越す場合もある（口絵⑭）。つまり、幹を降りざるを得ない状況のときだけ、ムササビは幹を降りる。しかも、降りる距離は短い。

それでは、幹を降りるときの行動はどうなのか。成獣は枝の付け根から下方にある枝の付け根へジャンプする。幹が細くなった梢近くのスギでは、階段を下りるようにリズミカルに、幹の反対側の枝の付け根へ交互にジャンプして降りる。しかし、地上から数メートルにある幹の樹洞に泊まるときは、頭を上にして後ずさりでそろそろと降りる。颯爽《さっそう》と滑空する動物とは正反対のぎこちない動きである。確かに、ムササビは頭を下にして木を降りるのが苦手である。

外出を始めたばかりの幼獣や生後六カ月ほどの若い個体は、たいがい頭を下にして幹を降りるから、体重が軽い時期には後足の爪と後足の腱と筋肉だけで体重を支えられる。しかし、一kgを超える成獣が頭を下にして後足だけで体重を支えるのは短時間か、二個体間の緊張した状況に限られるようである。

木を登る行動でも、リスとムササビではまったく違う。幹を登るときは、エゾリス、エゾシマリス、インドオオリスは、地上での四足歩行と同じような動きで登る。ところが、ムササビは左右に前足を広げ、後足を跳ねるような動きで登る（口絵⑲）。カエルが跳ねるような動きである。

「後ずさり」は木に登る姿勢と同じで、四肢で体重を支えるので、問題はない。

木の登り降りの動作がリスとムササビで違う理由については、モモンガとヒヨケザルがヒントを与えてくれる。エゾモモンガは、頭を下にして降り、登るときはリスと同じようである（浅利裕伸氏私信）。ニホンモモンガも頭を下にして降りる（岩崎雄輔氏私信）。体重が軽いモモンガは、木登りや樹上活動に必要な後足の筋力で、木を降りるときに体重を支えられる（エゾモモンガは六二～一二三g、ニホンモモンガは一五〇～二二〇g）。

ところが、ヒヨケザル（体重一・五〜一・八kg）は、左右に前足を広げ、後足を跳ねるような動きで木に登る（馬場稔氏私信）。すなわち、ムササビとまったく同じ方法で登る。頭を下にして木を降りるのを、馬場氏は見たことがない。ムササビもヒヨケザルも一kg超の体重があり、木を降りるときに頭を下にして体重を支えるのに必要な後足の筋力がなく、木を登るときは前足に体を引き上げる筋力がないため、後足で跳ねるように登るしかないと推測される。体重一・五〜二kgのインドオオリスは頭を下にして降りるから、一kgの体重が理由で他のリス類と同じやり方ができないのではない。

私が保護していたムササビを身体検査すると、前足の筋肉は細く、後足の腿の筋肉も一kgの体重を支えるには盛り上がりが少ない。筋力の強さは、筋肉の断面の面積に比例して強くなる。最大の飛膜である体側膜が滑空中に揚力を得るには、前面上面が盛り上がる必要があると述べたが、同時に後方下面がなるべく薄くなっている必要がある。つまり、後足の筋肉はなるべく扁平である必要があると考えると、納得がいく。

滑空という移動手段を得たムササビは、幹を降りる必要性が少ないために、頭を下にして体重を支える筋力を後足に発達させる必要がなかったのであろう。そのうえ、滑空距離を伸ばすために、後足の筋肉をなるべく扁平にし、できるだけ体重を軽くするという自然選択にそって、筋肉の発達を最小限にするデザインに変化していったのではないだろうか。滑空という移動手段を進化させたことにより、飛膜以外の体の構造もさまざまな点で滑空生活に適した構造に変わっていったのであろう。滑空への適応という自然選択が、まったく系統の異なる皮翼目のヒヨケザルと齧歯《げっし》目のムササビに収斂していることに驚かされる。

第2章　ムササビ観察のコツ

出巣を確認する

太陽が西にかなり傾いた頃、いつものように首に双眼鏡をかけ、ヘッドランプをつける。双眼鏡を通して見た視界に、ヘッドランプの光の中心部分が占めるように、角度を微調整する。フィールド・ノートを固定した画板を肩にかけると、さっそく日付、天候、雲量を記入する。雲量が多い日は暗くなるのが早まる。腕時計を見て、観察開始時刻を記入する。観察開始と観察終了の時刻を記録しておくと、その日の観察時間がわかり、観察したさまざまな行動の頻度を計算する基礎になる。

今日はどんな出来事が起こるのかなぁ。観察前にいくらかの期待がふくらむ。あの個体はしばらく見ていないから滞在を確認しよう。メスの近くに見知らぬオスがいたのは発情が近いせいか、そのメスの外部生殖器の状態を確認しておこう。こうして今日の予定を頭に浮かべながら、樹洞の割れ目からムササビの毛がはみ出している巣など、宿泊が外からわかる巣穴をいくつか訪れる。そして、出巣時刻を記録する営巣木の下に着き、出巣を待つ。

西の空がまだあかね色に染まっているのに、ムササビはときおり巣穴から顔を出して、ときには西の空をちらっと見る。太陽が沈んで約三〇分、夕暮れが支配して出巣する暗さになったが、顔を出したまま、出発しようとしない。照度計で測定すると、すでに一ルックス未満である。

できるだけ自然の出巣時刻を知るために、営巣木から一〇mほど離れて、ヘッドランプの光の明るい中央部分をはずして、その外側に同心円で広がる薄暗い光の輪を巣穴に当てる。光の輪はとても弱く、ムササビの動きを見ることは難しいが、二つの眼は強く反射してくる。反射する眼がくるっと上方に向いた瞬間が出巣時刻である。

最も自然な出巣時刻を得る方法は、営巣木から一〇〜二〇mくらい離れて、ヘッドランプを消してシルエットの出巣を双眼鏡で確認する方法である。巣穴に対して九〇度横側に立ち、幹の黒い直線から突き出した頭のシルエットを見続ける。しばらくして、上半身を前のめりにし、すばやく体を上方へひるがえして全身を現す。

遠くの木から、「グルグル……」と鳴き声が聞こえてきた。あっちの巣はもう出たな、と目を離した隙に、目当てのムササビは出巣してしまい、出巣時刻を秒単位で記録できなかった。そんな日が、数えきれないくらいあった。

滑空方向を予測する

幹に沿ってスルスルと上がる「光る眼」。その光が梢に来ると、どの方向へ滑空するかと、緊張が走る。この個体のいつもの滑空ルートや、この季節の食物がわかっていない場合は、なおさら緊張する。光る眼は左右に少し動いているが、まもなく一つの方向に定まる。梢でやや時間を費やすが、滑空を見逃さないための緊張が続く。梢の黒い塊は、まずどこへ行こうかと考えているのか、周辺からあがる鳴き声を待っているのか。

光る眼は遠くて高いが、頭を上下に振るのがわかる場合もある。このときに顔を向けている方向が滑空方向である。私のいる位置が予想される滑空方向と逆であれば、急いで木を回りこみ、出巣時と同じく淡い光の輪で眼の反射光を確認しておく。強い光を当て続けると、いったん定めた滑空方向を変更して、私のいる位置と反対方向へ滑空して姿を消すことが多い。

枝や木がこみ入っていて梢が見えないときは、反射する眼を確認できない。その場合、木の根元へ行き、ヘッドランプを消す。すると、急に星空の明るさが広がり、密な茂みも案外透けて見える。自分も自然に溶けこんだ気持ちになるのは不思議である。首が痛くなるのを我慢して木の根元で真上を見続ければ、黒いシルエットが茂みの隙間を高速で横切る。ムササビは来た方向へ戻ることはほとんどないから、基本的には来た方向の反対側の根元で待機するのがコツである。意外に、黒い幹は滑空を見るのにじゃまになる。そうやってライトを消して待機していると、滑空までの時間はことさら長く感じる。

観察日は曇天がよい。曇天の日は晴天より空全体が明るく感じられるので、滑空中のシルエットはわかりやすい。曇天で満月に近い晩であれば、空全体がさらに明るくなり、最高の観察条件になる。反対に、快晴の天空は黒く、茂みの間からたくさんの星がまたたいている。その雰囲気は悪くないが、反射する眼の光なのか星のまたたきなのか、まぎらわしい。一等星の輝きは眼の反射光に近く、ライトを消して初めて、星にだまされたと気づくはめになる。

ライトに反射するのはムササビだけではない。最も強い反射をするテンや、イタチ、タヌキ、野良ネコ、シカの眼、フクロウの赤い眼、アオバズクの眼、ガの複眼、ウラギンシジミの羽がある。暗闇で何か光るものがあれば、私の眼がさっと向いてしまう。ムササビではないとわかっていても、眼の動きを止める学習ができない。葉についた水滴や松ヤニにさえ反射的に眼が向く。木々の間を流れる光を見つけて、滑空か、と緊張したが、ホタルの光であった。

ライトを消してまだ少ししか時間がたっていないのに、ムササビがもう去ったのではないかという疑念がわき上がる。一瞬の滑空を見失わないように、時計に眼を向けられないから、なおさらである。疑念を抑え続けて、木の根元で五分待ち、一〇分待っても滑空が見られないと、大きな不安が「待機せよ」の心に打ち克つ。「もうあきらめた」と自分に言い聞かせて、辺りを照らすと、その木で悠々と採食していたことも、しばしばあった。しかし、その木が食物を提供していない木であれば、すでに去った確率の方が高い。

発見と追跡

ムササビが梢から消えたとたんに、滑空した方向へ急いで駆けつける。耳を澄まして、カシャカシャと幹を登るわずかな爪音を探る。音の次は反射する眼を探す。すると、ムササビはかなり下方にある枝の付け根にいる。枝の付け根でにおいをかいだり、その直後に口唇を左右にこすって「においづけ」したりしている。観察の初期には、私の走る足音で、急いで幹を登っていった。しだいに私に慣れていき、手を伸ばせば尾の先端をつかめるほどの高さでも、動かずに私を見下ろすまでになった個体もいる。

ムササビに限らず、木の上にいる樹上棲リスは、地上の人間を見下ろして、自分は絶対に安全であるとの自信をもっているように思える。地上棲の動物であれば、このような近距離で自然な振る舞いはしない。樹上棲リスは行動観察の材料としてまさに最適である。

◉性別を見分ける

到着後にまだ低い位置にいるなら、個体識別のチャンスである。今まで高いところにいたので、誰であるか不明のまま追跡してきたのである。この個体が尾を下ろしていれば、まず尾の先端を見る。尾の先端にさまざまな量の白毛がある尾白《おじろ》であれば、安定的な識別ポイントになる。白毛が数本くらいの尾白もいれば、オオジロと名づけた立派な尾白もいる（**写真2-1**）。尾の基部近くに白斑をもつ個体もいたので、尾全体をくまなく調べる。

写真2-1　尾白の個体は少なくない。最大の尾白をもつ個体「オオジロ」。

尾を背中にかついでいると、外部生殖器が見える。ムササビの性別を判定するのは難しくはない。オスは白い腹毛に「でべそ」のような尿道口があり、尾側の灰色の毛に位置する肛門との距離が離れている。メスは白い腹毛の末端と尾側の灰色の毛の境界部に外部生殖器があり、肛門がすぐ後方に並ぶ（**口絵②**）。この区別さえできれば、睾丸が未発達の若い個体でも、夏に睾丸を縮小した成獣でも、オスと断定できる（**図2-1**）。

オスの尿道口とメスの外部生殖器は、座っている足元の枝に隠れていることが多い。背後に回ると、オス成獣は足元の枝から丸くふくらんだ陰嚢の下部が見える。それでも枝や尾がじゃまで性別が判定できないときは、枝から幹へ移動するときに外部生殖器の判定に神経を集中する。

その個体がまだ下方にとどまっていたら、改めてメスの外部生殖器がふくれていないか（発情の兆候）、乳首がピンクに腫《は》れていないか（子育て中）、乳首が黒く見えるか（出産経験あり）、オスの睾丸や交尾栓分泌腺（第7章）の発達程度（性成熟の程度）や、陰嚢に赤茶のシミがないか（個体識別ポイント）など、細部の違いに注意する。地上から見上げて観察する樹上棲哺乳類の調査は、性別の判定だけでなく、繁殖に関する重要な情報が容易に得られる点が大きなメリットである。

◉探し方

暗闇でムササビを発見するのは、想像するよりは簡単である。私は頭を振ったり体を屈めたりしながら、ヘッドランプの角度と方向を変えて、木の茂みのあちこち照らすと、二つの眼が反射してくる。しかし、木々の葉の茂り方は季節と樹種によって違い、ムササビがいる場所によっては、眼の反射が観察者に届かない場合がある。とくに道路から照らすだけでは不十分である。そこで、木の周囲を一周して照らし、見つからない場合は木の根元から上方を照らすとよい。慣れてくれば、ムササビの食べる音、地上に散乱した食べかす、移動するときの葉ずれの音、特有な鳴き声でも、居場所がわかるようになる。ムササビを探すときは、自分の視覚と聴覚を最大限に働かせて、はりつめた意識でゆっくりと歩く。出巣後三〇分を超えた時刻からは、その季節の食物を提供する木を念入りに探す。

◉フリージング（凍結）

ムササビは光を当てられると、しばしばフリージング（凍結）という行動をとる。その場でうずくまって、半眼か完全に眼を閉じる。ときには体を丸めて額を足元の枝に当てて、完全な休息姿勢に入る。この行動を始めると、数十分から一時間も続ける。しかし、これが真の休息ではないことは、ライトを消して月光下で観察するとわかる。月を背景に観察すると、黒いシルエットの外側の毛だけが銀色に輝いてまぶしい。ライトを消してしばらくすると、フリージングしていたムササビはおもむろに毛づくろいを始め、さっさとその場を立ち去ってしまう。ところが、数年観察を続けていくうち、光を当ててもフリージングをしなくなった。フリージングは、光の強さだけではなく、人慣れしていない個体や、光に慣れていない個体が示す行動で、もともとの個体差があり、人との出会いが多いか少ないかによって影響を受ける（第４章）。

◉追跡

発見したムササビを追跡するのは、難しいとも簡単ともいえる。つまり一個体を一晩中、見失うことなく追跡するのはきわめて難しい。木がまばらな場所で数時間追跡するのは容易であるが、茂みが密な木では眼の反射がときどきしか見えないこともある。幹を登って姿を消してから、滑空したかどうかわからない場合と、滑空した先で到着した木がわからない場合に、追跡個体を見失う。

一～二年、同じ森で観察を続けると、頻繁に使う滑空ルート、メスのなわばり範囲、その季節に食べる食物が、個体別にわかってくる。そうなれば、見失っても再発見できる。私は観察個体に愛着をもっているが、ムササビとは共通の言語がないので、ムササビが私に自然な振る舞いをしてくれるだけでありがたい。ムササビは私をどう思っているのか。光を当てる迷惑な存在であることは間違いない。

個体識別

オスとメスの区別ができるようになったら、いよいよ一個体ずつの識別である。捕獲して人工的な標識を装着することなく、自然の傷などの特徴で全員の個体を識別した。識別ポイントとして使うには、個体別に特異な特徴であるか、月日を経ても安定しているか、という二点を充たさなければならない。

観察が進むにつれて、安定した識別ポイントが判明していった。安定したポイントとは、耳介《じかい》のへりの傷、その他の体の傷（顔面、飛膜、尾と手足）、尾の白毛（尾白）、眼球の異常、手の甲の白斑や、特徴的な毛色などである（**図2−1**）。調査面積を最大にした一九七八〜一九七九年の一年間に、一一七頭を識別できた。

①耳介の傷

オス同士は争いが多いので、耳介に傷のある個体が多い。オス成獣の耳介に傷がない個体は珍しく、たいてい両耳とも傷がある。耳介の傷を見つけるには、耳介をいろいろな角度からチェックする必要がある。耳介は人間の耳と同じように上部が回りこんでいるので、耳介上部にある傷は、真下から見上げて初めて現れてくる。多少とも切れたへりの傷痕は、さらに裂けることはあっても、回復することはない。

メスは耳に傷がほとんどなく、あっても小さい。しかし、メスは長生きするので、それなりに細かな傷痕が体のあちこちに残っている。メスを発見した場所を使う定住メスは一、二頭に限られてくる。それらのメスの識別ポイントを思い出し、識別ポイントをチェックする。

②その他の体の傷

鼻の付近や眼の少し上に傷痕が白く残る個体がいた。長い体毛が生える場所の傷は隠れて見えないが、鼻付近や眼の上は体毛が短く、傷痕が現れやすい。これらの傷は、うずくまった休息姿勢で頭を下げたときにだけ見える。

③尾の白毛

オジロ（尾白）と呼んでいる、尾の先端にさまざまな大小の白毛部をもつ個体は少なくない。約一六％の個体に尾白が現れる。白毛は生まれながらのもので、換毛で消失しないし、白毛の量も年齢を超えて安定している（口絵⑮）。安定した白毛の量の違いを個体識別に生かした。尾白ではないが、尾の先端がぼうっと黄土色の特徴をもつ個体も現れた。顔のもみあげ部分の白い帯以外にも、顔に白斑が現れることがある。尾の基部や顔に現れた白斑こそ、生涯安定した絶対的識別ポイントになった。

ムササビの尾は長さが約四〇㎝で、太く頑丈で容易に切断しそうもない。尾が半分切れた個体が一頭いて、目立っていた。しかし、長い尾の一部分が切れただけでは、切断しているかどうかの判断は難しい。

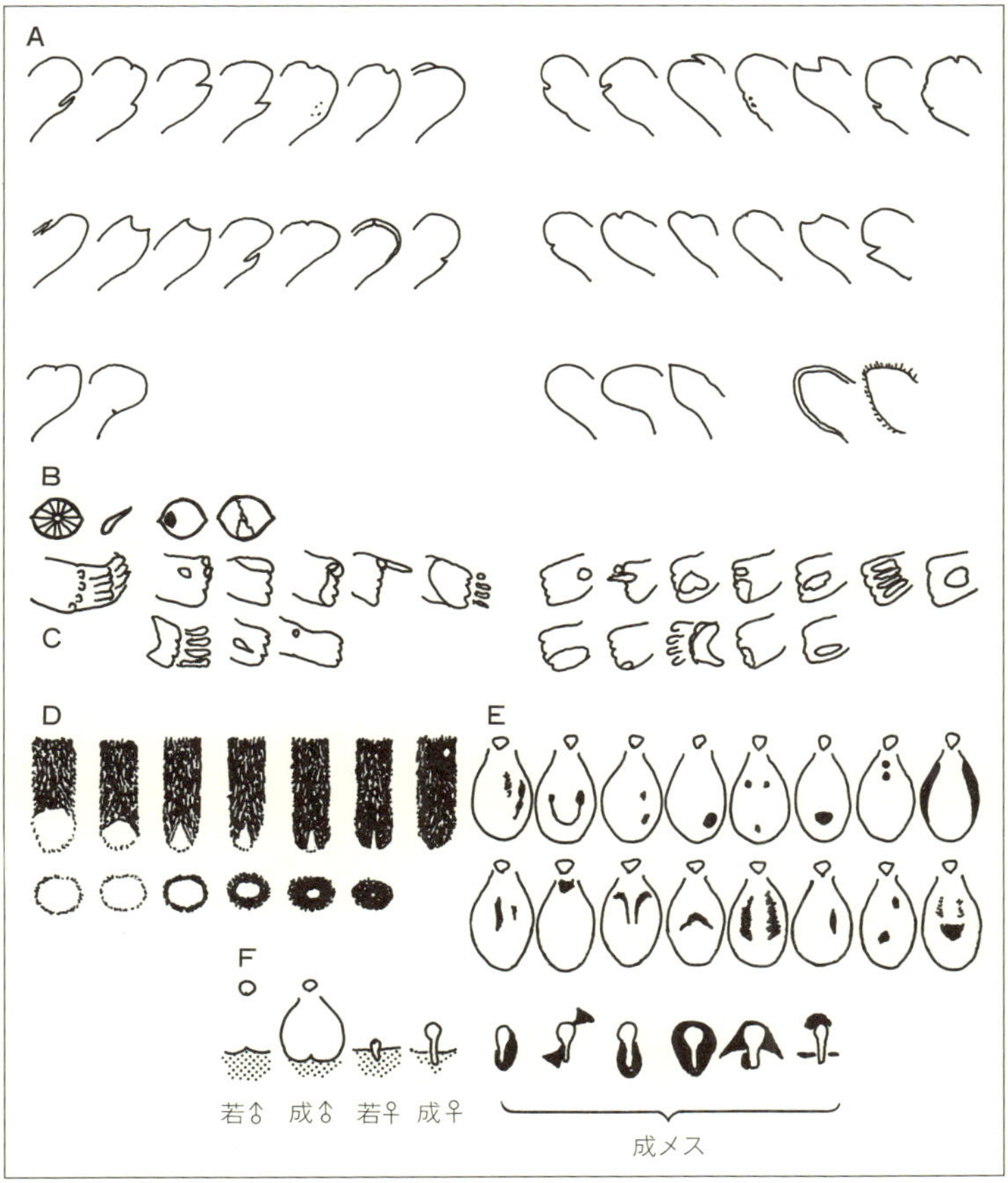

図2-1　個体識別のポイント。
A：耳介のヘリに見られる傷。
B：反射する眼の中に見られる模様。
C：手の甲に見られる無毛の白い模様。
D：さまざまな尾白のパターン。右端の尾白は尾端とは別な部位にある。
E：陰嚢に現れた赤褐色の模様は、梢にいる個体の識別に便利。
F：若オスとオス成獣、および若メスとメス成獣の外部生殖器。メス成獣には周辺部に褐色の汚れのようなものがよく見られる。

④眼球の異常

反射する眼の中に、反射しない黒点や、ひび割れのような線が眼球を横切る個体がいた。片眼を失明した個体は六頭いたが、そのうち二頭は五年間生存していた。片眼に頼るので、両眼の個体よりも首を左右に振ることが多かったが、片眼では視野が狭く、距離感・立体感が把握しにくいのだろう。しかし、単純な滑空にはとくべつ障害にならないようであった。あるとき、反射してくる二つの眼が離れすぎているな、と感じて近づくと、なんと並んで止まっている母と娘が二頭とも片眼で、それぞれ左と右が光って、あたかも一頭のムササビのようであった。滑空生活では、茂みに突っこむなどして、突き出た枝が眼に刺さることも少なくないだろう。

⑤手の甲の白斑

手の甲や手指や踵の関節部分に毛がなく、白い皮膚がむき出しになっている個体もいた。手の甲にできる白斑は形が安定していて、数年間にわたって消えない個体もいた。換毛時には手の甲と指の毛が脱毛して、真っ白になる。手の指を折り曲げても一本の指が曲がらない個体がいたので、識別に用いた。

⑥毛色

特徴的な毛色をもつ個体もいる。全身が銀灰色の個体や（**口絵⑮**）、尾全体が灰色味を帯びた個体がいた（**口絵⑦**）。背中が真っ黒な個体や、腹の毛が白色ではなく薄墨色など、毛色にかなりの個体差があった。

生後六カ月を超えると、成獣と見間違うほどの大きさに成長する。幼獣の体色は一般に毛色が黒っぽい。成長するにつれて背中は茶色になってくる。しかし、一部の個体は、成獣になっても背中が黒いままでいる（**カバー表４写真**）。

⑦陰嚢の模様

白毛が生えた陰嚢に、赤茶色かこげ茶色の斑点や模様が現れる個体がいる。これらの個体は成獣に限られる。この模様は睾丸が縮小しても残り、かなり安定している。高い梢にいる個体やオス同士が激しい動きをするとき、小さな傷は確認できないから、まずは陰嚢の模様で識別する。

⑧鳴き声

変わった鳴き声を発する個体が少数いた。いわばガラガラ声のような個体や、鳴き声の調子が変わった個体がいた。

⑨外部生殖器

若い個体の外部生殖器は、成獣に比べてかなり小さい。若オスは一年かけてゆっくり睾丸が発達する。尿道口も少しずつ大きくなる。尿道口から後方に白いスペースが広がり、その後に皮下で睾丸が少しずつ発達して隆起し、陰嚢になる。メスの外部生殖器も成獣と生後六カ月の若メスとでは、大小の違いが明らかである。出産期は早春（二月～四月中旬）と真夏（七月下旬～八月下旬）であるから、若い個体の外部生殖器から、その個体が春生まれ（春子）か、夏生まれ（夏子）か、生後何カ月であるかが、一～二カ月の誤差で推定できる。

若い個体は個体識別が難しい。耳介のヘリに傷はまずない。長期間、特定のメス成獣を観察していれば、そのメスのなわばり範囲がわかってくる。なわばり内に小さな個体が出現すれば、そのメスの子どもであり、母子が連れ立っての滑空が見られる。幼獣がかなり大きくなっても、頻繁に母子が同じ巣に同居する（第9章、第10章）。直接的に識別する手がかりがなくても、母のなわばり内に滞在する限りは問題がない。しかし、母親のなわばりを去った後、定着した先で識別できたのは数例しかいない。

安定した識別ポイントとして使えなかった形質もいくつかあった。もみあげ部分にある白毛の形状、丸い鼻にびっしり生えている短い細かな毛が抜けた模様、下顎の先端近くにあるV字形の黒毛の模様や、耳介の内部に生える毛の生え方は、結局使いものにならなかった。

個体識別が終わり、ノートに識別ポイントの図を記入すると、やや安心する。それから双眼鏡で体全体をなめるようにチェックして、新しくできた識別ポイントがないかを探す。

追跡を記録する

◉個体名

ムササビと出会うと、まずノートに記録するのは、識別した個体名である。できるだけ早く名前を思い出すのは重要で、名前が特定できるまで行動の観察記録に入れない。各個体の識別ポイントを形容した名前をつけておくと、識別直後に名前を思い起こしやすい。例えば、片眼で尾白なら、カタメオジロと命名する。

識別ポイントでは、耳の傷が最も多い。したがって、耳介のヘリの傷について、さまざまな形容をする。割れるような大きな傷（ワレミミ）、切れこみ（キレミミ）、左耳にあるV字状の傷（左V）、右耳にある切れこみ（ミギノッチ）、ギザギザ状（ギザミミ）と名づけた。顔の毛が短い部位にある傷には、眼の上にある（メキズ）、鼻の上にある（ハナキズ）がある。飛膜が破れた個体には、飛膜がブラブラしている（マクブラ）、飛膜が破れているメス（ヤブレメス）と名づけた。前足の手では、甲に見られる無毛部分がある（ホワイトハンド、ハート形の白ハート）、足の踵に白い部分がある（シロカカト）、一本の指が曲がらない（ツキユビ）がある。

尾では、尾白の大きさ（オオジロ、チュージロ、コジロ、ポツンオジロ）、白毛がわずかな若い個体（若シラガ）、尾全体の色合い（ホンワリ、グレーテル、アカオジロ）から名をつけた。胴体では、腹側が黒い（ハラグロ）、全体が黒い（クロオス、クロベェ）、特異な体色（シルバーレディ、ギンギツネ）がある。眼では、失明（ウィンク）や右眼の失明（ミギメ）、失明の尾白（カタメオジロ）、眼の中の黒い点（ハンガン）がある。少数であるが、特異な鳴き声（ウルサメス、オンチ）や地名（池レディ、カイダンオス）で命名した。

母親のなわばりに滞在する幼獣・若者は、年に二回、次々と出現する。そのうえ、身体的特徴が乏しいので、母親の名前の次にムスコ・ムスメをつけ、生まれ年と季節（春・夏）をつけた。例えば、シロカカト息子一九八八年春と命名した。

◉目撃した場所

目撃するたびに、目撃地点とその周囲の木の分布をノートに急いで書く。樹種はマツが白三角（△）、

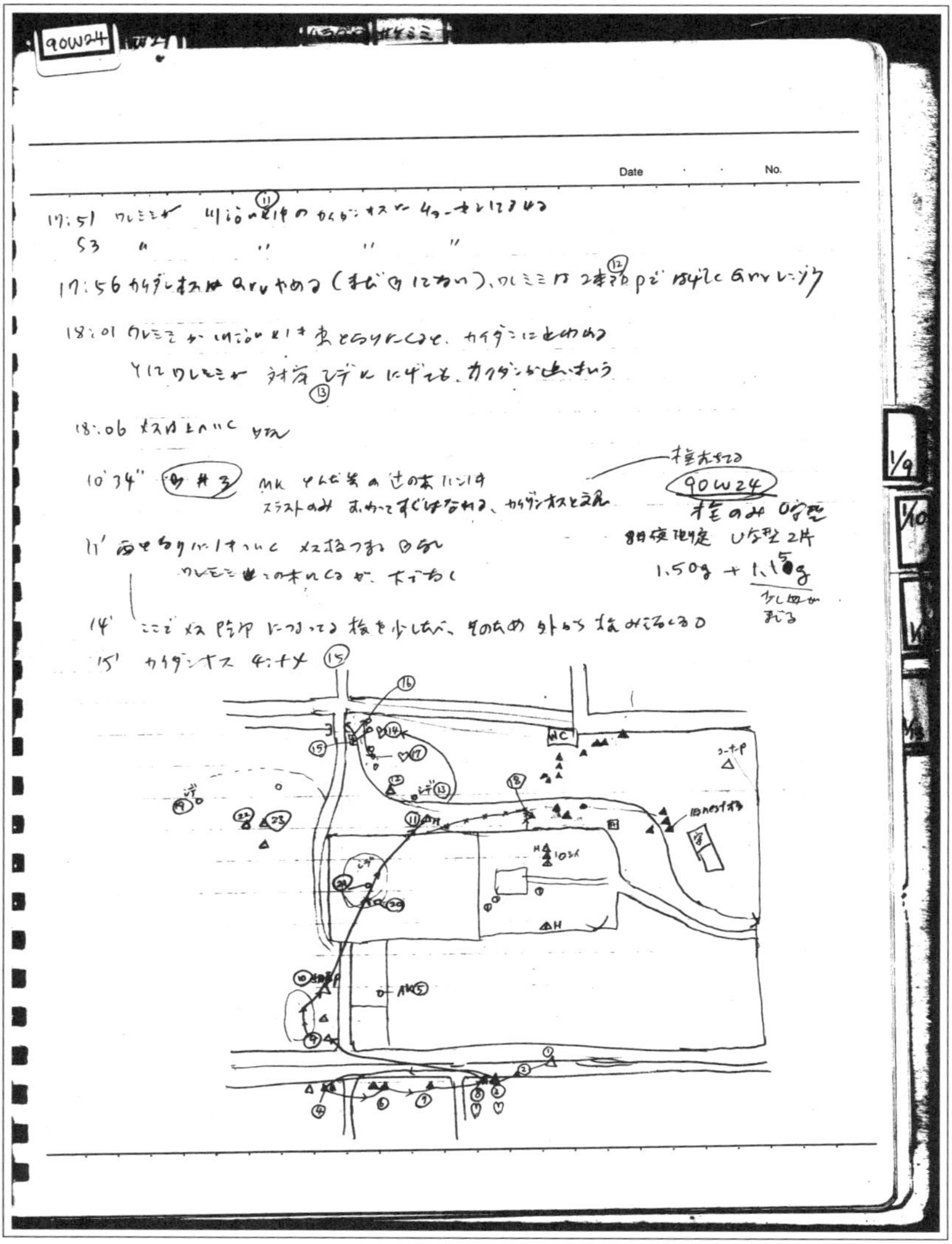

図2-2　ノートの１ページ。滑空ルートを示す。

スギは黒三角(▲)の記号で表し、アラカシはAK、イチイガシはIGのイニシャルも使う。そのわきに木につけた名前を書きこむ（これらの記号やイニシャルは地図にも文章にも挿入する)。そして、樹種記号の横に追跡個体のいた時刻や訪問順の番号を記入し、マークを結んで滑空ルートを記入する（図2-2)。

◉外部生殖器の状態

識別した個体名と目撃場所を記入すると、次に重要なチェックは外部生殖器の状態である。メス成獣では外部生殖器と乳首を見る。交尾が近い外部生殖器は膨張し充血して「五円玉」のようになる（口絵⑬)。乳首がピンクであれば授乳中で、子どもを失うとまもなく黒茶になって縮む。授乳期の乳首は子どもが乳首を吸うので、周囲の毛がよじれて、むき出しになっている。新しく発見したメスの乳首が黒ければ、出産経験のある成獣である証拠になる。

オス成獣では、陰嚢の大きさを見て、年に一回七〜八月に起こる睾丸の縮小・再発達の過程に注目する（第10章)。若オスでは睾丸の発達の程度を見る。若い個体の睾丸が発達してくると、母親のなわばりから消失する時期が近づいている。若オスがいつまで滞在するか、念入りに滞在を繰り返し確認する。

◉行動の記述

これらの基本事項を記入すると、後はできる限り詳しく行動を書いていく。しかし、双眼鏡で観察中は記録が書けないし、その逆もある。筆記の最中に重要な行動をしているかもしれない。双眼鏡での観察を中止してノートの筆記を始めるタイミングの判断は、常に悩ましい。ムササビの様子から、書くタイミングを判断するしかない。行動をできるだけ記憶にとどめるように努力して、その記憶を後に筆記する。

一頭で行動している場合、それぞれの木で何をしていたか、何をどのように何分食べたか、どんな鳴き声をどちらに向けて鳴いたか、毛づくろいの仕方、においづけはどこにしたか、どんな行動でも書いていく。さまざまな行動の記述が、後になって重要な意味をもつことがわかってくる。研究テーマにそった特定の行動だけを選択して記録する方法を、私は採用しない。その他、排泄、巣穴のチェック、休息の姿勢などがある。

植物の名前に詳しくない私は、名前の知らない木で食べていたら、とりあえずは仮の名前をつけた。樹木の形や食物の形をヒントに、イヌシデの房状の種子は「クリスマス」(クリスマスツリーのように垂れ下がる)、テイカカズラの花は「花十字」(花の形から) といった具合である。

見つけた一頭を追跡していくと、まもなく他個体と遭遇する。鳴きあい、追いかけ、求愛、闘い、さまざまな複雑な社会行動が次々と観察できる。まずは、他個体の個体識別、識別ができなければ性別だけは確認しておく。同性同士か異性間かによって、行動の意味が違ってくる。

二頭が出会うと、一頭のときと違い、急に動きがすばやくなる。追跡中の個体と出会った個体とを見間違えないように注意する。すばやく二頭が梢に行き、二頭が違う方向へ滑空すると、それぞれの識別を完了するまでに時間がかかる。

複雑な社会行動をできるだけ脳裏にきざんで、二頭が離れたらノート一ページ分を一気に記憶を戻して書く。このとき、双眼鏡を動かさずに眼を下へやり、腕時計をチラッと見て、分の時刻をノートの隅にいくつか書いておくか、記憶しておくのがコツである。すると、社会行動がどの程度続いたかが時刻の経緯でわかる。脳裏にある行動を書き落とさずにできるかどうか、記憶力が試される。

徹夜の観察日には、眠気に誘われながらも、最後の作業として調査地内の営巣場所を一巡する。小鳥の囀《さえず》りがにぎやかで、すっかり夜が明けているのに、巣穴から顔を出しているムササビが少なくない。誰がどの巣に泊まったのか、最後の収穫をノートに記す。

自宅作業

交尾期の観察は毎晩続くため、疲労と寝不足でノートを整理する余裕がない。それでも、最低限しなければならないデスク・ワークがある。①書き終わったノートの「小口」に、観察日のインデックス・タブ（索引）をつけ、「天」に交尾日のタブをつける作業（**図2-2**）。②滞在表を作成する作業。③行動圏を作成する作業。④メスのなわばり分布図の作成。これらの作業を同時並行で進めることで、漫然と調査地を歩き回るのではなく、毎日毎日、その日の宿題を頭に入れて歩き回った。

◉滞在表の作成

滞在表の作成とは、方眼紙に観察個体別に横書きの棒グラフを作り、個体ごとに初めて識別された日から、滞在を確認するたびに棒グラフを伸ばしていく作業である。識別日と交尾日のマークを付け加えていく。グラフを見れば、最近目撃していない個体がすぐにわかり、各メスの子どもの出現・消失や月齢・性成熟の時期がひと目で把握できる。

◉行動圏の作成

行動圏の作成とは、地図に定住個体の目撃地点を落として、その最外郭を結んで行動圏を描くことである。詳細な地図（二五〇〇分の一）がすでに作成されていた場所を調査地に選んでいるので、その地図のコピーに行動圏を描くのは簡単である。既成の地図がない調査地では、観察地点の正確性、相互の位置関係、行動圏面積が不確かである。とくに斜面であったり傾斜の凸凹があると、行動圏面積や相互の重複・位置関係のあちこちに不具合が生じる。観察開始後のいつの時点で地図を作成する測量をするかを含めて、相当な労苦が加わる。三頭のメスの滑空ルートの作成では、私一人で一本一本の木の相互の距離を繰り返して測定しなければならず、一枚の地図を作成するのに随分と時間がかかった（図5–1）。

◉メスのなわばり分布図

オス用とメス用の二枚の地図に、行動圏を描いていくと、行動圏が重複する部分と誰も目撃されていない空き地が浮かび上がる。メス成獣はなわばりをもつから、メスの地図にある空き地を埋めるために、その空き地へ頻繁に訪れて、その空き地を利用するメスの発見に努める。メスのなわばり分布を描いた地図は交尾期ごとにでき上がる。

交尾日のような重要な日の行動の軌跡は、地図をコピーして、移動方向、交尾場所をコピーに記しておく。当日はいつものようにノートに概略図を書いておくが、後で地図のコピーをノートに添付しておくと、錯綜した交尾日の行動ルートを記入するのに大変助かる。しかし、交尾期間中の観察が毎日続くなか、昼間にこの作業をするのは大変につらかった。

最近はシチズン・サイエンス（市民科学）の重要性が叫ばれている。これは、自然科学を職業としない人々が自然科学に携わる行為のことである。自然に親しむ市民が多くなったが、単に自然の風景を楽しんだり、動物写真を撮るのに飽きたらなくなった人々が多い。そのような人々が自然の深い懐を理解しようとして、次に求めるのは、自然をつかさどるルールを自ら発見しようとする期待である。サイエンスにかかわるといっても、野外調査には実験装置や費用がかからないから、指導者のアドバイスを受けながら、この週末からでも始められる。市民が集めた自然史的な情報は、かなり重要なものがある。ニホンリスやムササビを観察して論文をまとめた市民は、大学教員や大学院生の研究成果を凌駕するほどの業績を上げている。どんな人にも哺乳類の野外調査が始められるとの期待がこの章にこめられている。

シチズン・サイエンスに関して、いわゆる素人とプロとの違いはどこにあるのか。重要なポイントが二つある。まず、野外で独りでデータをとることが多いから、良心にしたがって、得たデータだけを扱うことである。何も付け加えず、何も減らしもしない。

次のポイントとして、科学は過去からの知識の積み重ねに、自分が少しだけ付け加えて、未来へつなげていくという認識をしっかりともつべきである。今までの過去の蓄積を押さえたうえに、自分の新しい発見はどれかをはっきり示さなければならない。これら二ポイントは当たり前ではないかと思われるだろうが、これらの認識をもたない人を、私は素人と定義している。

観察道具

私がいつも使用しているムササビ観察に適した道具を紹介しよう。

◉ヘッドランプ

双眼鏡を両手で持って観察するので、ヘッドランプは必需品である。手持ちの懐中電灯はムササビを発見するには悪くないが、発見後の行動観察では、長い時間、片手で双眼鏡を操作したり保持したりはできない。私は単一形乾電池四個用で、狭い範囲に焦点が絞れるヘッドランプを使っている。

腰につける四個用の乾電池ボックスを捨て、プラスチックの弁当箱に単一形乾電池を六個詰めた強力ヘッドランプを作った。市販のヘッドランプ製品の中には、単三形乾電池用や、光の焦点が絞れないタイプがあるが、遠くのムササビを発見するにも、個体識別をするにも不十分である。

私のアイデアは、電池が消耗して光が弱くなると、単一形乾電池六個用の電球（七・二V）を単一形四個用の電球（四・八V）に取り換えることである。この交換で、さらに一時間は同じ電池が使える。

電球が切れたときは、通電したまま電球を指ではじくと、切れたフィラメントがくっついてしばらく使えることがある。

ヘッドランプは、市販の製品でも手作りでも、長時間の激しい使用でしばしば断線したり、ショートしたりする。ショートすると、乾電池が触れないほど高温になり、危険である。ハンダごてをもって修理するのは日常的な作業になった。

◉双眼鏡

観察が成功するかどうかは、どんな双眼鏡を選択するかにかかっている。長時間観察するときは、眼を守るために性能のよい双眼鏡がよい。双眼鏡はショックに弱く、地面に落とすと光軸が狂い、それが原因で眼に負担がかかるので大切に取り扱う。接眼レンズは、吐息で曇っても指で直接拭かないことと、雨やゴミが降りかかりやすいのでキャップをするなど工夫すると、双眼鏡の寿命が延びる。ムササビを追って走るときに双眼鏡が胸で踊らないように、ストラップはできるだけ短くしておく。

双眼鏡の倍率は、観察個体を全員識別するには重要である。当初は慣れ親しんだ八倍で識別しようとしたが、八倍では尾の先端が白い尾白や耳が大きく切れた個体以外は難しかった。一二倍の双眼鏡を使ってからは、滑空して幹の下方に到着した際に、ほぼ完璧に全員の個体識別ができた。最後に行き着いたのは、ズーム式であった。八～一六倍まで倍率がレバーで変えられるが、一二～一四倍程度が使い頃である。双眼鏡を使い慣れていない人は、最初から高倍率にすると目標のムササビが視界に入りづらいので、八倍でムササビを捉え、それからレバーで高倍率に上げるとよい。

◉カメラ

野外で行動を観察する研究者は、観察結果をノートに記し、ノートからさまざまなデータを引き出して、図表を作成したり、統計処理したりして、客観的な法則を導く。私はムササビの観察を始めるまで、動物写真をほとんど撮影してこなかった。せいぜい調査地の風景や証拠の写真を、調査終了時にまとめて撮影する程度であった。その理由は、双眼鏡で観察してノートに記す作業と、ファインダーをのぞいてシャッター・チャンスをうかがう作業は、同時にはできないからである。

ムササビの調査では、今までの方針を転換して、写真撮影にずいぶん力を入れた。貴重な行動を私の脳の記憶とノートに文字で残すだけでなく、写真で保存したい欲求があふれてきた。実際、多くの貴重な場面を写真に残せたが、撮影後にその行動を記すので細かな記述はその分おろそかになった。その逆もまた真実で、重要な観察をしっかり記録できたときは、カメラを振り回さなくてよかったと思った。

四〇の手習いというが、まさに四〇歳から独学で夜間撮影を始めた。カメラに不慣れな私は、ストロボについても無知に近かった。最初の頃は、シャッターとストロボの閃光をシンクロナイズさせることを知らずに、楽しみにしていた現像写真は真っ黒けであった。

ムササビではなんといっても滑空写真が目玉である。滑空中に急いでカメラを向けてシャッターを押しても、尾の先しか写っていない。滑空するムササビの全身が収まった、なんとかピントの合った姿を撮りたかった。ヘッドランプの光の中にさまざまな高さで滑空する姿を捉えることも容易ではなかった。しだいに、写真の中央に滑空中の姿が収まるようになり、ピントが合った滑空シーンも撮れるようになった。ライトを消して、滑空するシルエットにピントを合わせたり、距離を固定しておいてピントの中に入ってきたときにシャッターを押したりできるようになった。滑空中の撮影に三〇〇回以上シャッターを押しただろう。

写真は連続する行動の瞬間を切り取る。とくにストロボ撮影では、滑空がどのような姿勢で始まり、どのような姿勢で到着するのか、一〇〇〇秒分の一でみごとに瞬間を切り取ってくれた。撮影ごとになん回シャッターを切ったかをノートに記録し、スライドの写真番号をノートに追記しておいた。すると、当初は意図しなかった成果もあった。

カラースライドを透過板に置き、高倍率の写真用ルーペで見ると、細かな耳の傷や尾白の白い毛の量が克明に確認できた。野外観察ではわからなかったが、顔つきの違いまでもが見えてきた。とくに、交尾騒動（第６章）に参加して激しく動くオスの個体識別と、数年にわたる年齢変化をともなった定住者の個体識別には、絶対的な証拠になった。写真は、人為的な個体マークを施さないで識別する方法を十分補ってくれた。

しかし、毎晩毎晩、双眼鏡と望遠レンズつきカメラと大型ストロボを首にかけて、かけずり回るのは、まるで首枷《くびかせ》の拷問であった。ストロボのバッテリーとヘッドランプの乾電池パックは小型リュックに詰めて背負った。それでも、シャツの襟を立てて、カメラと双眼鏡のストラップにタオルを巻いても、首の痛みがやわらぐことはなかった。

ＮＨＫの岡部総ディレクターが、自然番組「地球ファミリー」でムササビの番組を作りませんかと、声をかけてきた。私はいくつものテレビ番組の誘いを断ってきた。撮影スタッフが調査地に入ると、私とムササビとで作り上げている世界に他人が土足で踏みこむような気持ちになるからである。いよいよ九年の観察が終了に近づくと、写真の静止画像だけではなく、動く映像を残しておきたいと思うようになり、岡部氏の提案を快く受け入れた。

私はすべての撮影に参加し、合計で五〇晩ほども徹夜した。NHKチームも頑張った。暗闇の中で重い機材をかついで滑空先へ走り、三脚を急いで立てて、照明をつけ、ムササビにカメラと照明を向ける作業を、何度も繰り返した。一九九一年一月七日、地球ファミリー「空飛ぶリス　ムササビは地上を歩かない」の四四分の番組が放映された（NHK 1991）。放映後にアーカイブス保存番組のビデオとして市販され、各地の図書館に保存されている。それから数年後に、アッテンボローが指揮するイギリスBBCのムササビとモモンガの自然番組にも協力した（BBC 1995）。ムササビの懐かしい顔をこれらのビデオの中に見つけて、今でも私は楽しませてもらっている。

◉フィールド・ノート

私が使用するのは、ノートの表紙が硬く、背部が針金のスパイラルで綴じてあるキャンパス・ワイド・ノートで、〇・五㎜のBのシャープペンシルを使う。暗闇で失くさないように、シャープペンシルは紐をつけてスパイラルに結びつけ、使わないときはスパイラルの穴に差しこんでおく。ノートは画板に挟み、肩からかける。克明な行動記録は合計三一冊にもなった。

第3章　季節のメニューと食事マナー

季節が移ると

ムササビはほぼ完全な植物食者である。調査地に生える樹木の九〇％を超える種《しゅ》がムササビに食物を提供する。しかし、好物のドングリやカキの実が地上に落ちていても、木を降りるのが苦手なムササビは地上へは降りない。地上で採食しないから、草本植物を食べる機会はない。リス属（*Sciurus*）が好きなキノコ類と樹液は口に入れなかった。

年に一回、初夏の六〜七月に食物に大きな変化が起こる。一〜六月は葉と芽が四六％を占めるが、夏以降の七〜一二月は種子と果実で六二％を占めるようになる。初夏の食物の切り替えは、ムササビにどのような意味をもつのだろうか。

春から季節を追っていこう。

写真3-1　オオシマザクラの花を食べる。

◉春

春は花の季節、花ならどれでも大好物である。お花見の頃、ヘッドランプを上に向けると、サクラの白さで周囲がぼうっと浮かび上がる。その中で光る二つの眼は、手当たりしだいに花をつまんでゆく花泥棒である。満開を過ぎると、ムササビが手を伸ばして花に触れただけで、はらはらと花びらが散っていく。サクラでは、オオシマザクラを好み（**写真3-1**）、ソメイヨシノはそれほど好物ではない。その後に咲くヤエザクラは大好物である。

四月〜六月上旬、メニューが最も豊富である。花や、ふくらんだ新芽や、柔らかい若葉を求めて、コナラ属のさまざまなカシ類を訪れる。照葉樹林は、春に落葉する種と秋に落葉する種が混じる。秋に落葉するコナラは花と葉が最も早く展開し、次いで、春に落葉するアラカシ、イチイガシ、シラカシは、この順に若葉が展開する。シラカシの若葉は最も遅く、六月中旬まで食べる。若葉の展開が順次移っていくので、森全体では好物の花と若葉をムササビに提供する期間が長い。

果実で最も早く熟すのはサクランボで、五月上旬から食べる。熟したサクランボの赤い汁で、手も口も真っ赤になって、果肉を食べる。この時期は交尾期でもあり、最初見たときはけんかして出血したのかと、ドキッとしたものである。ときには種子も食べるので、殻をかじる音が聞こえてくる。サクラの葉は一一月中旬に落葉するまで、多量ではないが長期間にわたり食べられる数少ない食物である。しかし、サクランボのある期間は、そばにある葉を食べようとはしない。

◉夏

六月中旬～七月一杯は、食物の切り替え期である。森は濃い緑で覆われていて、食物がありそうに見えるが、実際はメニューも食物量も乏しい。葉は硬くなり、ドングリなどの種子がまだ実らない時期である。この頃、マツの実（五月下旬から）と青いカキの実（六月下旬から）を小さいうちから食べる。七月からは、シイの実とマツの実と数種の硬い葉を食べる。

カシ類で一番早いドングリはシイの実（七月上旬）で、食物が乏しい時期の重要な食物である。一カ月遅れて八月から、コナラ属のドングリを食べるようになる。ドングリは二～五㎜になると、もう食べ始める。

◉秋

秋は食物量が最も保証された季節。ドングリとマツの実は秋から冬の間の主要な食物である。ドングリは炭水化物が豊富で、コナラでは八一・〇％を占め、四二四〇カロリー／gある（島田・齊藤 二〇〇二）。一方、マツの実は脂質が六八・二％で、六六九〇カロリー／gもある（文部科学省 二〇一〇）。炭水化物と脂質という異なった栄養価をもつドングリとマツの実を食べることは、理にかなう。九月からは赤くなったカキの実も好む（**口絵⑤**）。あまりうまそうに食べるので、つい誘われて枝からもぎとった実の渋いこと！

◉冬

ムササビは食物を貯蔵しない。一一月から翌年二月は、落葉広葉樹の冬芽とマツ・スギの雄花が増加する一方、種子は減少する。一二月のうちに、ドングリは食べられたり、落下したりして、木の上からは消えてしまう。一～二月は、冬芽と、クスノキの実とナンキンハゼの種子を熟してから食べる。二～三月は冬芽やマツの雄花を食べる。この時期にヤブツバキの花は重要で、つぼみのうちから雄しべの先にある葯《やく》だけを食べる。ムササビが訪れるヤブツバキの木の下には、翌朝、葯だけがない赤い花がばらまかれている。

マツの雄花は冬の間の重要な食物であるが、花粉が散るようになると食べなくなる。スギの雄花は早くから枝先につくが、二月になってから熱心に食べる。しかし、三月中旬にカシ類の若芽がふくらむと、スギの雄花はまだたくさんあるのに見向きもしない。四月にコナラの花が垂れ下がり、小さな若葉も萌え出る（**写真1―8**）。ムササビは切り取った小枝を操って、まず大好きな花を食べ終えてから、若葉を食べる。

◉ある食物を食べなくなる

ある食物を急に食べなくなる理由は三つある。①食物の供給が季節的に終了する。花期が終わり、ドングリが木から落ち、マツの実は松かさが開いたら、供給が終了する。②食物の質が変化する。食物の質の変化とは、若葉が硬い成葉になったり、雄花の花粉が散ったりする変化である。③他の食物に切り替える。ある食物がまだ存在するのに他の食物へ移る理由は、新しく提供を始めた食物を好むためである。とくに、三月に硬い葉やスギの雄花から、ふくらんできたカシ類の新芽への移行は急激である。

普通、一つの食物資源が突然になくなることはない。頻繁に訪れる木で重要な食物（ドングリ、サクランボ、マツの実）が消費されつくすと、滑空で接近するのが難しい、離れた木か低い木へ食べにいく。例えば、マツの大木で松かさの鱗片《りんぺん》が開いて種子が落下してしまっても、若いマツには鱗片がまだ開いていない小ぶりの松かさが残っている。そこで、ムササビは近くの高い木へ滑空し、その木から若いマツの木へ枝伝いに移っていく。

◉食物の種類数の変化

食物の種類数は毎月どのように変化するのか。各月の食物の種類数は、四月と五月に最も多く五六種類あり、最も少ない二月と七月は一七種類である。もう一つの指標として、各月の硬い葉を食べる割合に注目した。硬い葉は、若葉より栄養価が低く、繊維が硬いので消化しにくいから、マイナスの指標である。硬い葉の比率が低い月は、新葉と花の多い四月（六％）・五月（三％）と、種子の実る九月（一％）である。硬い葉の比率が高い月は、葉が展開する前の二月（三三％）と葉が硬くなった七月（三一%）であった。硬い葉を食べる比率は、食物の種類数とほぼ反比例している。したがって、四月、五月、九月が一年間で最も食物が豊富な月である。この事実から、食物の質と繁殖時期とは重要なかかわりがあることが後にわかった（第8章）。

メニューの多様性

採食中のムササビを九年間で三五五九回観察した（月平均二九七回）。同じ木で一時間を超えて食べ続けても一回と数えて、樹種、採食部位、採食場所、採食時刻、採食行動を記録した。

食物として四五種の植物がリストされた（Kawamichi 1997a）。分類では二一科にわたっていて、観察数の多い順では、ドングリを実らすブナ科（二八%）、マツ科（二三%）、サクラなどのバラ科（一一%）、カバノキ科（九%）、スギを含むヒノキ科（七%）、カエデ科（五%）であった。四五種のうち、観察数が二%を超えたのは一五種だけで、この一五種で全観察数の九四%を占めていた。高い順に、マツ（クロマツとアカマツ）、サクラ、イヌシデ、イチイガシ、アラカシ、スギ、イロハモミジ、シイ、クスノキ、シラカシ、カキノキ、コナラ、ナンキンハゼ、エノキであった。

四五種の樹木は一二八種類の食物を提供していた。採食する部位は六つ（葉、種子、雄花、果実、花、木部）である。冬芽・若葉・硬い葉（全観察数の三六%）、種子（三四%）、針葉樹の雄花（一二%）、果実（八%）、被子植物の花（七%）、木部（三%）の順であった。生殖器官（花・種子・果実）は六一％、栄養器官である葉（冬芽・葉）が三六％であった。

主に食べた冬芽は、コナラ、イロハモミジ、イヌシデで、すべて秋に落葉する広葉樹である。主に食べた葉は、スギ、シラカシ、イチイガシ、サクラであった。最も多く食べた種子は、コナラ属、マツ、イヌシデ、ナンキンハゼであった。果実は、熟したサクランボとカキの実（青い実から熟した実まで、渋柿も甘柿も）であった。花はカシ類とサクラを好む。木部はいろいろな樹種を食べたが、スギ（一％）を除くと、非常に低い。枝が折れた跡や枝の付け根を、移動中にちょっとかじったり、うずくまっている場所の枝をかじったりする。同じ場所で木部を食べ続けることはなかった。

個々の食物を見ると、観察数の多い順に、マツの実（一七％）、シイの実（六％）、マツの雄花（五％）、サクラの葉、サクランボ、エノキの葉（各四％）、イチイガシのドングリ、シラカシのドングリ、クスノキの実、ナンキンハゼの種子、カキの実（各三％）であった。これらの合計で観察数の五五％を占めた。

主要食物一五種では、葉、冬芽、木部、花、雄花、果実、種子の採食部位を、さまざまな季節に利用する（**図3-1**）。一五種のうち五種はカシ類で、種ごとに採食部位の割合が違う。秋に落葉するコナラは、春先にふくらむ冬芽の割合が高い。イチイガシは花の割合が最も高い。シイは人間が食べてもおいしい種子の占める割合が最も高いが、シイの実はカシ類では最も早く実る。シイと対極的なのがシラカシで、若葉が萌える時期はカシ類で最も遅く、森の中で柔らかい葉を提供する最後の種になる。

有毒の植物は食べない。アセビもナンキンハゼの葉も食べなかった。外来種のナンキンハゼは葉も種子も有毒とされるが、熟した種子は冬によく食べる。

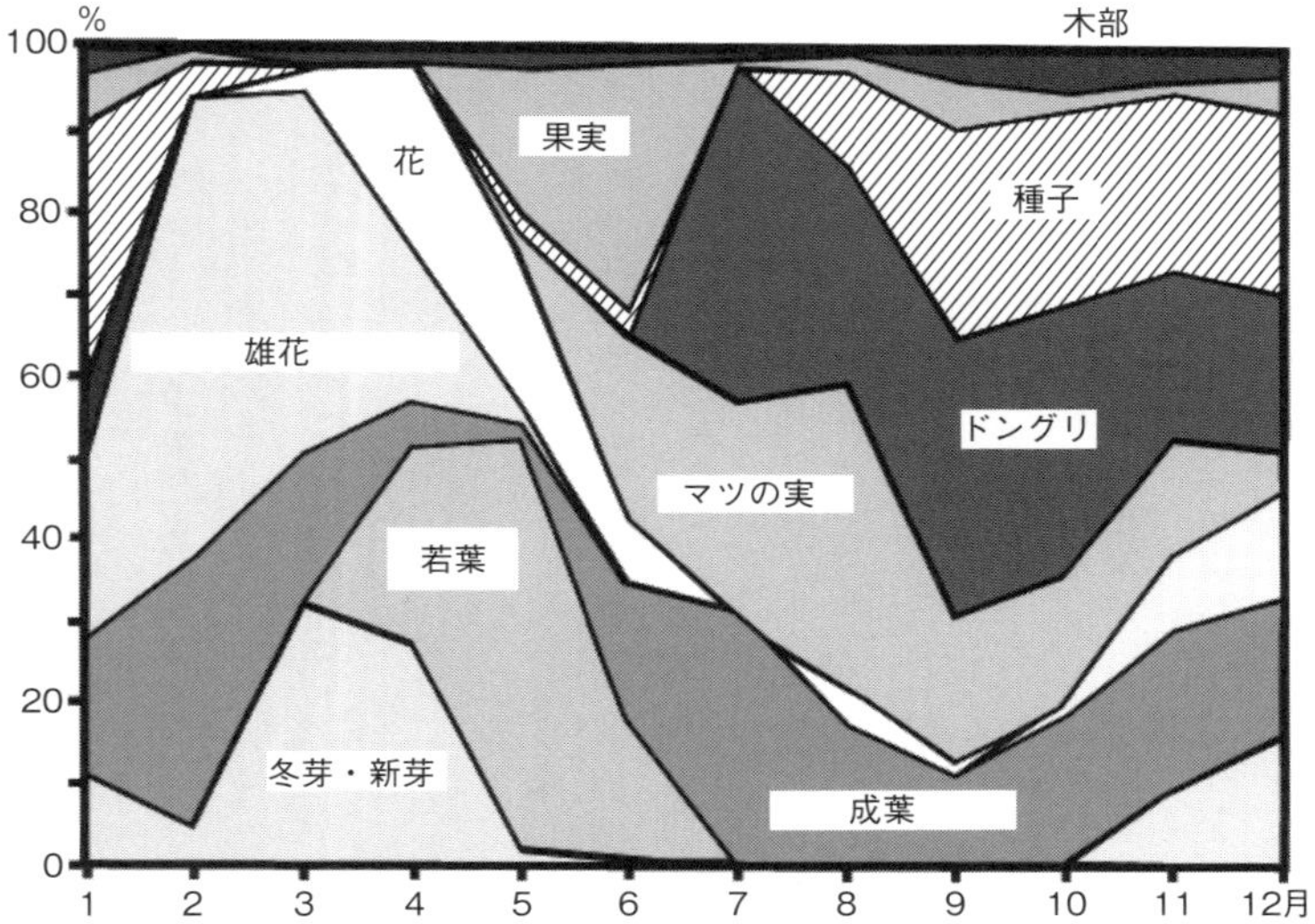

図3-1　食物別の季節変化。
１～12月の各月の割合を示す。年前半は冬芽・新芽・雄花・花が主食であるが、７月以降は種子・ドングリ・マツの実の種子が主食になる（Kawamichi 1997a）。

私は、ムササビが野外で昆虫を探したり、食べたりするのを見たことはない。しかし、野外で生きたセミを捕まえた（熊谷 二〇〇六）とか、野外でムクドリの雛を襲ったとの観察もある（立花 一九五七）。我が家で飼育していたムササビ九頭のうち三頭は、脱皮したてのセミを食べた。クマゼミよりはアブラゼミが好きであった。他に、ゆで卵の黄身やソーセージなどを好んだ。

ムササビは自然状態では植物食に偏った種である。植物食の哺乳類は大腸が発達する。ムササビは大腸（一八三cm）が小腸（一八五cm）に対して九九％と、ほぼ同じ長さである（宮尾 一九七二）。食性の違う樹上棲リス三種で腸の長さを比較すると（Murphy and Linhart 1999）、アーベルトリス（*Sciurus aberti*）はポンデローサ松の樹皮・種子・雄花を食べる植物食で、大腸（七四cm）の小腸（一六七cm）に対する割合は四四％である。雑食性のトウブキツネリス（*S. niger*）は大腸（四八cm）が小腸（一四四cm）に対して三三％、種子食のトウブハイイロリス（*S. carolinensis*）は大腸（五〇cm）が小腸（二一二cm）に対して二四％であった。食物繊維を多く含む食物を食べる種が相対的に長い大腸をもっている。盲腸は大腸の一部で、硬いセルロースを微生物が分解する器官である。ムササビの二八cmに対して、アーベルトリス二〇cm、キツネリス一二cm、ハイイロリス一〇cmで、大腸と同じ傾向があった。いかにムササビの大腸と盲腸が大きいかがわかる。

分布域での広食性

日本列島は南北に長く、平地から山地まで多様な植生が見られる。ムササビは広葉樹から針葉樹まで多くの樹種から食物を得るので、各地の植生の違いを反映して食性が変化する。本州・九州での一年を超える九つの研究（私の研究を含む）から、合計一三五種の植物を食べることがわかった（川道 二〇一〇）。世界中のリス科動物を見わたしても、日本のムササビほど詳細に食性が研究された種はない。

一三五種の内訳は、コケ植物一科、裸子植物六科、被子植物四〇科の四七科八七属にわたる。これだけ多くの分類群を食物にするので、ムササビが食物の選択性が広い「広食性」であることが証明された。コケ一種と草本三種の他は木本であった。マダケ属の一種の葉も食べられた。

しかし、基本的な食物の組み合わせはどの地域でも似ており、コナラ属、カエデ科、バラ科、針葉樹が基本である。主な生息環境は照葉樹林であるから、照葉樹林を構成する種を主に採食する。しかし、標高の高い地方や東北地方の落葉広葉樹林での調査が進んでいないので、今後もっと多くの植物種が食物リストに加えられるであろう。

四七科のうち五種以上の種を含む科は七科あり、多い順に、ブナ科一八種、バラ科一七種、カエデ科一〇種、マツ科八種、ヒノキ科六種、カバノキ科五種、クスノキ科五種であった。二五科は、採食種をそれぞれ一種だけ含んでいた。

九研究のうち五研究以上で採食が観察された植物は一三種で、アカマツ、スギ、イチイガシ、アラカシ、シイ、シラカシ、コナラ、アベマキ、ヤマザクラ、イロハモミジ、カキノキ、ケヤキ、ヤブツバキであった。これらは、ムササビの代表的な食物種である。

地域によっては特異的な植物が食べられる。山口県では暖地性のイスノキ、標高五〇〇mを超えた調査地では落葉広葉樹のオオモミジ、イヌブナ、ブナ、東京都御岳山《みたけさん》の標高九二九mでは冷温帯の樹木であるツガ、ミズナラ、コハウチワカエデである。スギの葉の採食は、広葉樹が多い生息地では食物不足になる冬季にだけ食べるが、植林地などスギが優占する生息地では一年中食べる。スギの葉を一年中食べるかどうかは、ムササビの生息環境の指標になる（川道二〇一〇）。

コケ一種を除く一三四種の採食部位の割合は、葉八五・一％、種子四一・〇％、冬芽三〇・六％、花二六・九％、木部二一・六％、果実一四・九％の順であった。各採食部位を提供する期間はさまざまで、それぞれの部位の提供期間により、採食部位の割合が影響を受ける。最も短いのは花である。葉は新葉と若葉の時期に優先的に採食するが、その後に頻度は低下する。冬季には、ヤマモモ、アラカシ、ウバメガシ、ウラジロガシ、スギなどの成葉を食べる。木部は一年中食べるが、頻度は低い。

社寺林に生息する理由

社寺林は一般的に、平坦な疎林であり、街灯があり、夜間観察に向いた場所である。しかし、基本的に二次林であり、ソメイヨシノ、イロハモミジ、ツバキ、マツ、クスノキが人為的に植栽されている。外来種（ボダイジュ）や園芸種や果樹（カキノキ）もしばしば植栽される。

ムササビは非常に広い食性をもちながらも、個々の社寺林では一〇〜二〇種の採食植物があれば生息できる（川道 二〇一〇）。二次林で樹種の少ない社寺林にも、コナラ属、サクラ属、カエデ属に属する樹種は必ずある。さらに、これら三属は採食部位の数も多いため、季節を通じて採食できる確率を高めているであろう。

樹種が多くない社寺林では、食物が乏しい二月と七月に食物が保証されることが、一年中生息できる必要条件となる。メス成獣は約一・一haのなわばりを通年維持するので（川道 一九八四b、Kawamichi et al. 1987）、その狭い範囲内で年間を通じて食物が保証されなくてはならない。社寺林にスギは多くあり、二月と七月に葉・雄花・種子（球果）を提供する。二月のツバキの花とマツの雄花、六月からのサクランボと最も早く結実するシイの実は重要である。社寺林にはムササビの好きなツバキ、マツ、サクラ属の樹木が人為的に多く植栽されていて、一年中生息できる可能性を高めている。

もう一つの重要な点は、営巣場所である。社寺林では大径木が保存され、巣に使える樹洞が多い。スギの樹洞は営巣場所の半分（四六％）を占め、社寺の建築物の内部も利用する（川道 一九八四a）。社寺の多くは照葉樹林を背景とした山裾にあり、食と住が保証された社寺林に、ムササビは容易に進出できる。野生動物に親しむ機会の少ない親子連れに、社寺林はムササビの滑空を通じて感動の場を提供していることが、インターネットのブログで多く報告されている。

食事のマナー

お腹のすいたムササビは、食物のある木へ滑空する。幹の根元近くに到着すると、幹を登って中ほどの高さにある枝へ移り、その枝先で食べ始める。しばらく食べると、幹に戻って少し登り、別の枝で食べ始める。少しずつ上の枝へ移っては採食し、梢近くで採食した後、突然に滑空して去っていく。これが基本的な採食のやり方である。

直立した幹と横に広がった枝ぶりをもつマツで、雄花やマツの実を食べるムササビを見つける。採食している枝の高さから判断して、梢に達するまで、当分は滑空しないと予測できる。マツの枝では針のむしろの上で食物を探すような感じで、下から見上げても針葉が密で個体識別が難しく、梢から滑空して別の木に行ったときに識別する。そこで、ムササビが梢に達するまで、他の場所へムササビを探しに

写真3-2　イヌシデの種子を食べるメス。上体は180度近く背中側にねじることができる。

いく時間的余裕ができる。

食物になる冬芽、若葉、花、種子、果実は、どの樹種もすべて細い枝の先端近くにある。冬芽がふくらんで若葉や花となり、花から種子や果実ができる。枝の先端では一kgを超える体重で枝がしなり、食物を探すには不安定な足場である。そこで、枝の先端のちょっと手前で、後足の五本指をまとめて枝に引っかけるようにして、二本足で立ち上がる。

立ち上がると、周囲にはいくつもの枝の先端が間近にある。食物がついている枝のうち、どの枝を手でつかもうかと、頭をあちこちに向けて物色する。頭と両肩部分を含む上体は、一八〇度近く背中側にねじれるから（**写真3-2**）、食物を探す範囲は三六〇度近くにわたる。食べたい枝が決まると、片方の手を伸ばして枝を手前に引っ張り、食物の根元に口を近づけて歯で切り取る。そうして、枝をつかんでいる手はそのままにして、口でくわえた食物に他方の手を近づけ、その手で食物をつかみながら少しずつ食べる。

枝を手前に引っ張っている手を放さないのは、同じ枝にある次の食物をとるつもりか、体のバランスを崩さないためか。たぶん、その両方である。手を放したときは、その手は、食物つきの切り取った小枝をつかんでいるか、後足を乗せている枝に置く。

シイの実、クスノキの実、エノキの葉、イロハモミジの翼果、サクランボは、食べる部分が一つの枝にいくつもついているので、枝ごと切り取ることが多い。切り取った枝は二〜二八cmの長さで、平均六〜八cmである。食べる部分か食物のついた枝を歯で切り取るとき、口だけをのばすか、片手または両手をのばし、切り取った食物を握る。そうして、片手で握った枝から、食物を一つずつ口で切り取り、他方の手を添えながら食べたり、冬芽のついた枝を両手でつかんで口でつまみ取るように食べたりする。

若葉を食べるときは、歯を使わずに、片手や両手で葉を引っ張って枝から取ることが、ときどきある。クスノキやカキノキの大きな葉は、葉柄と葉の先端を手でもち、葉脈の主脈をかみ切ると簡単に二つに裂けるので、片方ずつ食べる。または、主脈のところで二つに折り曲げてハーモニカを吹くように食べる。若い個体はこのテクニックを知らないので、大きな葉をもてあまし気味にかじる。

二〇一二年に京都で開催された第六回国際樹上棲リス会議では、インドのボーグスさん（Renee Borges）が面白い発表をした。インドオオリスはノボタン（*Memecylon umbellatum*）の葉を食べるときに、葉を折り曲げて中心部だけを食べ、周囲を食べ残す。食べ痕はドーナツの形になる。葉の中心部と周辺部に含まれる化学物質を調べたところ、周辺部では動物の嫌いなタンニンなどの物質が含まれていた。葉を食べられないための植物側の対策であった。そこで、インドオオリスは葉の中心部だけを食べるという採食法で対抗している。ムササビが葉の中心部を食べるのは、単に葉の面積が大きいだけなのだろうか。

リスのイメージといえば、両手で食物を持って座るクラウチング姿勢である。この典型的な姿勢はムササビでは、長い観察期間中たった一〇五回しか観察していない。リスなら両手で持って食べるドングリも、体が大形のムササビは片手で握って食べる。しかし、重くて一個ずつが分離している食物であるマツの実、カキの実、シイの実の房を食べるときは、両手で持ってクラウチング姿勢で食べる。マツの実では松かさの鱗片をはがす作業があり、カキの実は大きくて重く、シイの実の房は長いので、片手では保持したり、種子を掘り出したりできないからである。成獣が片手で食べる食物でも、幼獣は両手を用いたクラウチング姿勢をとることが多かった。

これらの重い食物を枝先から切り取ると、幹近くの太枝へ戻って、両手で持って食べることが多い。食べ終わると、再び枝先へ行って口に食物をくわえて戻ってくる。両手で食べるときに、体のバランスを失わないように、枝の直径が大きい安定した足場を求めるのであろう。

夜にムササビが訪れた木の下には、翌朝食べかすが地面に散らばっている。この食べかすは食物を同定する助けになる。小さなエビフライのようなものは、松かさから種子を食べた後の食痕である。両手で松かさの両端をつかみ、少しずつ回しながら、松かさの付着点近くの鱗片から松かさの先端へ向けて、次々と鱗片をはがして種子を食べる。各鱗片の下に二個の白い種子が隠れている。松かさ一個を食べ終わるのに三〜一〇分かかる。

地面のエビフライを見る限り、一つの松かさにあるすべての種子を食べつくす。この食べ方は、しだいに習熟するようで、我が家で飼っていた若い個体に生まれて初めて松かさを与えたところ、あちこちの鱗片をかじって効率の悪い食べ方をしたので、一部の鱗片が残り、きれいなエビフライにはならなかった。

ニホンリスもエビフライを地上に落とすが、ムササビのエビフライと区別がつかないようである。鱗片を切り取る切歯（門歯）の幅は、ムササビの方がニホンリスより大きいので、その違いがエビフライに残るかどうか、今後に解決すべき課題である。

ムササビの食べ方は贅沢で、食べ残しが多い。切り取った食物を食べつくすことなく、たいがい途中でポトリと落としてしまう。カキの実でも同様で、一つの実を食べつくすことはない。植物食のニホンザルも贅沢に捨てる。一つの木に存在する葉や実の量は膨大なものであるから、あり余る食物を食性にもつ動物の贅沢さであろう。

右利きか左利きか

樹上棲リスの仲間は、後足の指は五本あるが、前足の指は四本しかなく、親指が退化してコブになっている。ちなみに地上棲のジリスの手は、地面に穴を掘るためか、五本指である。ニホンリス、エゾリス、エゾシマリスは、両手を胸の前であわせると、両手のコブの間にスペースができる。このスペースに果実や種子を挟んで食べる。しかし、ムササビは手が大きいためか、野球のグローブのように、片手の四本指と手のひらの間に食物を挟んで食べることが多い。

二本足で立ち上がったムササビは、右手で枝をたぐりよせ、左手と口を若葉へ近づける。歯で切り取った葉を左手で持ち、少しずつ口の中に入れて咀嚼《そしゃく》する。食物を片手で握って食べるとき、口に食物を運ぶ方の手は決まっている。つまり、この個体は左利きであった。食物を口元へ寄せる手は左利きか右利きか、個体ごとに固定している。

左右の手の使い方を二八一四回調べた。そのうち、個体別に左右どちらの手を使ったかを一〇回以上判定できた個体は五〇個体で、合計二四〇八回観察した（個体ごとの観察回数は平均四八回、最大四四七回）。これら五〇個体（オス二一、メス二九）のうち、どちらかの手の使用が七〇％以上であった場合、その手をその個体の利き手とした。

右利きは二四頭（オス一〇、メス一四）、左利きが二五頭（オス一〇、メス一五）、左右どちらも使うのが一頭（オス）がいた。つまり、どの個体も利き手がはっきりと決まっていた。右利き個体と左利き個体の比率はほぼ同数であり、その性比もほぼ同じであった。五〜八年間にわたり記録し続けた一九頭では、利き手がその間に変化した個体はいなかった。母子関係では、母親の利き手にかかわらず、子どもには左右どちらの利き手も出現した。しかし、ある左利きのメスは、利き手がわかったその子ども五頭全員が左利きであった。

なぜ利き手があるのだろうか。不安定な枝先で、自分の右側に食物があったときに右手を使い、左側の食物には左手を使うという、両手使いの方が便利なはずである。事実、右利きの個体が例外的に左手を使うときは、右側にある枝を右手でたぐりよせて左手で食物を口へ運ぶ場合であった。

片手だけで食べるのは、①体重が重たいため、食物のある枝の先端まで行けないので、自分の乗っている枝以外の枝を引っ張ったり、切り取ったりして、それを片手で持ちながら、他方の手で一つずつ食べる必要がある。②体が大きく手のひらが広いので、片手で握ることができる食物が多い、という理由が考えられる。

利き手を固定する採食方法は、片側半分にある食物の利用にほぼ限られるため効率的ではない。しかし、それを補うように、上半身をねじって得る採食範囲の広さがある。利き手が存在する理由は、重い体重のムササビが不安定な細い枝先で採食する操作性を優先するためかもしれない。数千回の採食行動の観察中、体のバランスを崩したシーンは、一度も記録していないし、まったく記憶にない。

第4章　巣と活動性

樹洞巣はどこ？

日中は、幹や太枝にある自然にできた樹洞で休息する。どこにムササビのような大きな動物がもぐりこめる樹洞があるのか、森の中で見上げては自然にわき上がる疑問である。頭が入れば体全体が入るといわれるが、ムササビは樹洞の入り口が直径八㎝あればもぐりこめる。

森を漠然と見るのではなく、太い木を一本一本、下から上へ目をやると、樹洞が目に入ってくる。根元からかなり上まで大きく幹が裂けた洞《うろ》、太枝が折れた跡が空洞になったと思われる幹の穴、キツツキが開けた幹の丸い穴、太枝の途中で折れて腐って開いた横向きの枝穴、上部の幹がなくて煙突のような大穴など。スギの人工林や伐採された二次林でなければ、樹洞が思いのほかあちこちに目につく。それらの樹洞のうち、ムササビが入るのが無理そうな小さな入り口や、樹洞の底が抜けているものもある。

明るいうちに樹洞を見つけておいて、日暮れてムササビが活動を始めるのを待つ。大木であれば複数の樹洞があるから、どの樹洞から出るか確証はない。樹洞を見つけたら、まず入り口の周囲を観察する。長年にわたって何かの哺乳類に使われてきた樹洞は、入り口の下半分は動物の出入りで汚れて黒光りしているか、入り口をかじった歯形がついている。白状すると、明け方、巣に帰るムササビを追跡して、入って初めてこんなところに樹洞があったのかと、教えられる方が多い。

巣は全調査域の一八七カ所で発見できた。建築物の屋根裏一三カ所（七％）を除くと、他はすべて樹木にあった。樹洞巣を見つけた木は一六種で、スギ、イチイガシ、マツ、サクラ、モミ、アラカシ、クスノキ、ケヤキ、シイ、イヌマキなどである。スギが圧倒的に多く（四六％）、次いでイチイガシ、マツの順になる。大部分が生木だが、枯れ木の樹洞も使われる。

スギは材質が柔らかく、空洞ができやすいらしい。ガリガリと音をたてて、ムササビが樹洞の内部をかじる音を三回聞いたが、スギが二回、イチイガシが一回あった。掘りながら木屑を樹洞から出す作業は二回だけ観察した。巣の入り口周辺や内部の空洞は、歯でかじって広げるが、何もないところに穴を開けて新しい巣を作る作業は一度も観察していない。

一本の木や建造物で、複数の巣（二〜四個）があった場所は三一カ所あった（二七本と四建造物）。複数の巣穴があった場合、それぞれが別々の巣なのか、二つの入り口をもつ一つの巣であるかは、出入りを繰り返し確認してわかった。複数の巣をもつ木はスギが半分を占め、四巣もあるスギ二本（アパート杉と命名）を含んでいた。

最も低い巣の入り口は地上から高さ二m（二例）であった。幹の根元の隙間を巣にすることさえある（菅原 一九八一）。幹の上部が折れた樹洞など、雨が降ればまともに巣の内部が濡れる煙突状の巣は二四個（一三％）にもなる。樹洞の割れ目から寝ている姿が見える一つの巣も、入り口が上向きで、雨が激しく降った日の翌日はいつも空であった。

樹洞内部には、スギの幹からはぎ取った樹皮を、口で細かく裂いて、厚く敷いてある。明け方、しばしば帰巣の途中で、巣近くにあるスギの幹から繰り返し樹皮を口で引っ張りあげてはがし、口一杯にくわえて巣へ戻る（**写真４－１**）。巣材を集めるスギの木は決まっていて、何度もはがした跡には垂れ下

写真4-1
子のいる巣へ巣材を運ぶメス。成獣で頭を下にして降りるのは頻繁ではない。
下は、巣材をはぎ取ったあとのスギの幹。樹皮を歯で切り離すと、首を上げて樹皮を引っ張る。すると、樹皮は上方へ向かってはがれる。その長い樹皮を口と手を使って丸めて帰巣する。

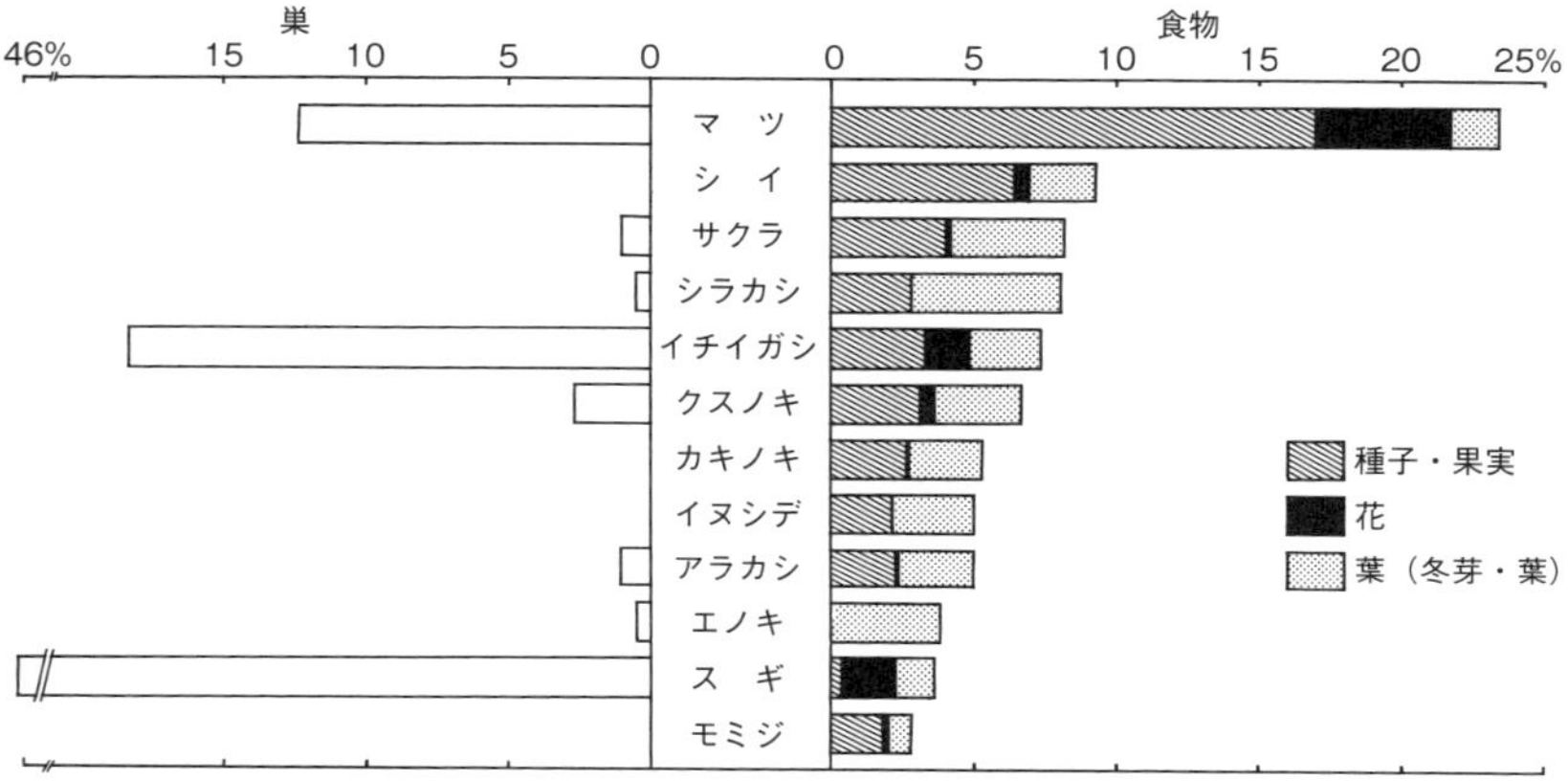

図4-1　巣を提供する各樹木の貢献度（左）と巣を提供する樹種の食物の利用率（右）。調査１年目の観察期間のデータに基づく。

がった樹皮と、新しい樹皮が露出しているので、目立つ。

巣材の持ちこみは、メスもオスも行う。巣材は、出産前後にメスが運びこんだり、久しぶりに使い始めた巣へ運んだり、寒くなる一一月以降によく観察される。しかし、巣材を運ぶのは明け方の帰巣時に多いため観察数は多くない。

図４-１の左は巣を提供する各樹木の貢献度である。右のグラフは食物の利用率を高い順に並べたものである。スギは巣としての利用が約半分に達するのに、食物としては重要ではない。イチイガシは巣としても食物としても利用価値が高い。マツは巣として利用が高いが、食物として一年中利用され、その利用率も二三％で最も高い。

左右の棒グラフの長さを加えると、スギ、マツ、イチイガシはムササビにとって一番重要な樹木となる。直立した樹形をもつスギとマツは滑空用の樹種としても重要である。

快適な屋根裏

暗くなると、毎晩、屋根裏をトントンと軽快に走る音がする。まもなく、入母屋《いりもや》屋根の両隅にある三角形の隙間から顔を出す。軽くジャンプして切妻屋根に乗り、屋根で最も高い鬼瓦に乗る（**口絵③**）。少しでも高いところから滑空したいので、避雷針があれば、避雷針の針の上に乗る（**口絵④**）。それでも十分な高さではなく、私の横をすり抜けて木の根元近くに到着する。圧巻は五重塔からの滑空である。黒々とそびえ立つ五重塔を背景に、ムササビが上層部から滑空するのは絵にしたい光景である。鐘突堂に住む個体は、下から響く鐘の音が気にならないらしい。建造物に帰巣するときは、高い木から急降下して、ふわりと屋根の上に舞い降りる。数百年もたった社寺の建物は、もぐりこむ隙間がどこにでもある。

ムササビが屋根裏に営巣するのは、普通のことである。とくに、社寺林に生息するムササビには、社寺の建造物は格好の営巣場所になる。社寺の屋根は太い梁を組み合わせているので隙間が多く、ムササビが簡単に屋根裏に入りこめる。

京都の名刹、清水寺から「怪しい動物が堂内にいるので見てほしい」との連絡を受けた。午前一〇時に本堂の物置を開けると、ムササビと目があった。なんと、物置に保管されていた木製灯籠の台座の内部から顔を出していた。再び午後二時に行くと、メス成獣はいなかったが、台座の中には一頭の子が丸まっていた。子の体重は一一五g、短い体毛に覆われていたが、まだ眼は開いていない。台座の中には藁と半紙が巣材として運びこまれていた。それは隣にある縁結びの地主神社のしめ縄であった。私が闖《ちん》入《にゅう》したためか、翌朝には母子は本堂から去っていた（川道 二〇〇七）。

その朝に、別のムササビが清水寺本堂の梁を組み合わせたところで、棍棒のような尾をだらりと下げて寝ていた。寝やすいように梁を削り取った木屑がまとまって落ちていた。夕方、ムササビが「清水の舞台から飛び降りる」そうな。大滑空であろう。

梁の隅に営巣する例は、清水寺以外に二例あった。いずれも巣材はなく、昼間、丸まった体全体が下から観察できた。寝ながら姿勢を変えたら落下するのではないか、と心配になる。木を組み合わせた梁の隙間に挟まるのが好きで、巣ではないが、好んで使う梁の隙間は黒ずみ、数百年使用されてきたことをうかがわせる。

社寺林に囲まれているとはいえ、巨大な社寺の建造物を営巣場所に選ぶというのも、考えてみると不思議である。樹洞の代わりに屋根裏を使うのは簡単な応用問題なのであろうか。ヒントになるのは、日本に連れてこられたアライグマである。原産地の北米では、アライグマが繁殖に樹洞を使うが、日本では積極的に社寺の屋根裏に住みついて出産する（川道ほか 二〇一〇）。

ムササビのメスは、自分のなわばり内に建造物があれば繁殖場所として積極的に使う。屋根裏は雨で濡れることがなく、捕食者が来ても逃走が容易で、逃走口が限られる樹洞よりも、はるかに安全である。社寺の屋根裏で育った子どもたちは、屋根裏を巣に使うことには何の抵抗もないであろう。こうして世代を超えて代々、社寺の屋根裏が利用されていくのであろう。

隙間の多い農家の建物だけでなく、一般住居でも屋根裏に換気口があれば、入りこむ。雨戸の戸袋に六年も住みついた家では、台風が来ても雨戸を閉められなくなった（和田晴子さん私信）。屋根裏に住みつくと、ムササビを含めてリス類は電線をかじるのが好きなので、漏電のおそれがあるし、ノミなどの外部寄生虫が居間に落ちてくる可能性もある。ムササビにつくノミが人間も吸血することは、私自身で立証ずみである。

◉無頓着に巣を選ぶ

ムササビがいかに無頓着に営巣場所を選ぶか、いくつかの例を紹介しよう。まず、割れ目のある樹洞や梁の上にいて、外から寝ている姿がわかる巣（一〇個）がある。ときには外に尾がぶら下がったまま寝ている。しばらくは信じられなかったが、イチョウの幹が切られ、まわりに傍芽《ぼうが》がのびてきた切り口に、早朝にうずくまってしまった。マツの枝先の枯れ枝がかたまっているなかで泊まったこともあった（二例）。日中に休息するのに、明るさや巣材や巣の空間の大きさにはあまり執着しない、というのが結論である。

最近、ムササビの変わった巣が報告された（矢野 二〇〇九）。林道わきにあるコンクリート電柱を支えるワイヤーがある。そのワイヤーにツタがからんで電柱まで達しないように、プラスチックのカバーが架けられている。内径一六㎝のカバーの下方は開いていて、ツタが下から内部に入り閉じこめられる。ムササビはそのカバーの割れ目から巣材を持ちこんで営巣していた。戦後の一斉《いっせい》造林で植林されたスギは四〇年がたち、見た目に立派な人工林になった。ムササビはスギ人工林に生息するようになったが、まだ樹洞ができる樹齢ではない。そこで、ムササビは人工林に接する電柱のカバーや工事現場に放置された排水溝のチューブを営巣場所にしている。

「ムササビの巣」でインターネット検索すると、民家の屋根裏、橋の下、高圧線の鉄塔、ケーブルカー駅舎、材木を運ぶラジキャリー、ベランダの隅などの、雨があたらない場所に巣材を集めて営巣する例がある。大型の巣箱を設置すると、まもなく利用を始める。鳥やリスの巣箱は入り口が小さいが、ムササビは入り口をかじって広げて、巣にしようと試みる。ムササビは人工物の利用に何の抵抗もないどころか、積極的に利用する適応力がある。

皿巣とは

樹洞にもぐるはずのムササビが、枝の上に巣材を集めて皿のような巣を作り、その上で休息する（菊池・大原 二〇〇九）。皿巣を作成するときは、切り取った小枝を積み重ねて台座を作り、その上に細かく裂いたスギの樹皮を厚く敷く。皿巣の直径は六〇㎝にもなる。カラスの巣を利用したのではない証拠に、集めた小枝の切断面は鋭く、哺乳類の切歯で切断されたものだ。皿巣での出産は確認されてはいないが、母親と幼獣が皿巣で生活する様子がビデオカメラで撮影されている（村上 二〇〇九）。雨が降ればびしょ濡れになり、猛禽類やカラスに襲われる危険がある開放的な皿巣をなぜ作るのだろうか。

ニホンリスやエゾリスは樹洞を巣に使うだけでなく、頻繁に球状巣を作る。太枝の幹の付着点近くに枝を厚く重ねたところで、木の皮を細かく裂いた内装材を内部に挿入して、巣室の空間を作ることで、球状になる。ムササビも、スギやヒノキの樹皮を運んで枝の上に球形の巣を作り、内部にもぐりこむ個体もいる（宮尾ほか 一九七四）。球形の大きさは、リスが作ったものよりはるかに大きい。

私は調査地で巣の出入りを七五七回観察しているのに、樹洞と建造物以外の巣は一つも発見していない。私を含めて四人の研究者が異なった場所で調査した結果、古木や巨木が保存されている社寺林では皿巣を作らず、植林された二次林で皿巣を作るという事実が判明した。つまり、樹洞が豊富な森ではあえて皿巣を作らないが、樹洞が少なければ必要に応じて皿巣を作る行動を発揮する。これがムササビの順応力である。

雌雄で違う巣の利用

睡眠は無防備な時間帯であるから、巣という安全な隠れ場所での休息を求める。そのうえ、メスにとって巣は安全に子育てする場所でもある。メス成獣はオスに対して、自分が使う巣穴に絶対的な優先権をもつ。

明け方近く、いつもはメス成獣が使う巣に、オスが先に入ることが起こった。メスが巣穴に近づくと、オスは誰かの接近に気づいて巣穴から顔を出した。すると、メスはオスに嚙みついた。オスは入り口からそのまま滑空して逃げた。他の巣でも、明け方にオス成獣が巣に入った後に、一歳未満の若メスが近づくと、半身を乗り出してメスを見ていたオスは、逃げ出して別の巣へ移った。空洞の樹洞は楽器のように、樹洞の中にいても近づく爪音や足音を察知できるのだろう。

一般にオスがメスより長く活動するため、オスが巣に入る明け方近くには、多くのメスがすでに帰巣している。メスと頻繁に出会うオスは、そのメスがいつもどの巣を使っているかを知っているから、メスが使っている巣に入ろうとはしない。メスの巣に先に入ったオスの例は、オスが新参者であったため、メスの巣とは知らなかったのかもしれない。その逆に、メスが先に巣に入っている場合、オスが入れ替わったことはないし、オスはそのような試みをしようともしない。

メスに追い出されたオスは、次の巣へ向けて森を連続的に滑空していった。すっかり明るくなったため、ムササビを照らすヘッドランプの光は弱々しい。朝の空を真っ黒な塊が横切る。夜よりは速く感じられ、体も大きく感じる。このオスは行きついた先の巣にも別のメスが入っていたので、再び同じ木に戻り、同じ木にある別の樹洞巣に入った。

◉巣を替える

メスは同性に対して、なわばりを防衛する。各なわばりの中には二〜一一個の巣が存在する。メスはオスより優位なので、自分のなわばり内にある巣を自由に替える。子育て中のハラグロは、五、六日ごとに子を口でくわえて巣を替えた。頻繁に引っ越しをするので、出産日を特定できた巣は出産巣であるが、母子がいたからといって出産巣であるとはいえない。

巣を替える理由として、捕食者を避けるためとか、寄生虫から逃げ出すためとか言われているが、実際のところ、よくわかっていない。巣を替えたために捕食されなかったという証明はできないし、ノミは巣にとどまり続けてもすぐに死亡するわけではない。しかしながら、子育て中の母は普段よりも頻繁に巣を替える印象がある。ちなみに、我が家に来たムササビたちは、とんでもない数のノミをもっていた。飼育中に蟯虫《ぎょうちゅう》がわいたので、回虫駆除薬を飲ませたら効果があった。しばらくたつと、繰り返し大量の蟯虫を排泄した。

◉巣の点検

定着をねらうメスの侵入者が現れると、定住メスは出巣してすぐに自分のなわばり内にあるすべての巣をチェックする。ハラグロは夕方に出巣してから、一四〇分間に五個の巣を訪れた。巣の入り口のにおいをかぎ、唇をこすりつけて、においづけをした。さらに、巣の内部に入り点検して出てきた。メスは自分のなわばり内の寝場所になる樹洞をすべて知っている。点検された樹洞には、巣の利用が未だ確認されていない樹洞もあったが、数年後に別個体が巣として使った。侵入メスがいなくても、定住メスは採食しながらも、巣の近くに来ると巣の点検を怠らない（**図5–1**）。

◉オスの巣穴争い

オスも頻繁に利用する巣はだいたい決まっている。しかし、メスほどの執着は見せない。オスも活動中にいくつかの巣を訪れて、入り口のにおいをかいだり、かじったり、においづけをする。オスは広い行動圏（第５章）をもつためか、明け方近くまで食べていて、その近くの巣に泊まる傾向がある（泊まる巣を決めていて巣の方向へ移動しながら食べていくのか、食べ終わってたまた ま近くの巣で泊まるかは不明である)。

しかし、交尾期になり、あるメスが発情すると、オスの巣の利用の仕方は一変する。すでに明るくなっているのに、発情近いメスが顔を出す巣の入り口で、オスがメスに顔を向けて、外からさかんに尾をくねくね振っている。それから、あきらめたように、そのメスの巣に最も近い巣に泊まる。付近によく使う巣がない場所では、オスは、交尾騒動のときにしか使わなかったり、入って初めて樹洞の存在を発見したりする場所にもぐりこむ。とりあえず体が入る空間で日中を過ごそうとする様子で、巣と定義してよいものかどうか決めかねる。

交尾の数日前になりメスの巣をオスが防衛し始めると、集まってきたオスたちが明け方にメスの巣に最も近い巣に入ろうと、オス同士が争う。明け方直前まで食べていたオスが巣に入ろうとすると、その巣にすでにいた別のオスに追われて逃げ出し、次の巣に行くと、そこも別のオスが泊まっていて、遠くにある空の巣に入ったことがあった。このような場合、巣にいたオスが強いオスであれば、巣を出て近づいてきたオスを追い払うし、巣の中のオスが巣に近づいたオスより弱ければ、巣から逃げ出す。オス同士が巣穴をめぐって争うときは、その巣周辺でのオスの順位がはっきりする。

このように、巣穴をめぐって争うことを「巣穴争い」と名づけた。巣穴争いは、オス同士でも異性間でも見られる。なわばりをもつメス同士には起きない。巣穴争いのとき、その巣の周辺では誰が強いのかが、はっきりとわかる。巣穴争いが頻繁に見られるのは、アパート杉と名づけた複数の巣穴がある木である。幹に三つの巣穴がある木では、利用しようとする個体が多いから、すでに一つの巣穴に入っている個体は、別の一個体が来ると、入り口から上半身を乗り出して、その個体を追い出したり、自分が逃げ出したりする。

明け方、玉突きのように次々と巣を使うオスが入れ替わる。オスたちは巣に入って一件落着してからも、長い間入り口で顔を出して辺りの様子をうかがう。そのときに、争ったオスたちの個体識別をして、玉突きの結果を確認する。明け方に観察されたオス同士の優劣は、交尾日のオスの順位を判定する重要な手がかりになる。

夕方に交尾日を迎える日の朝、どうしてもメスの巣近くにとどまりたいオスは、明るくなってかなりの時間が過ぎてから、その巣のわきにあるスギの枝の茂みや、近くのツタの茂みで夕方になるのを待つ。

巣を脅かすもの

ムササビは使用中の樹洞巣を、スズメバチやフクロウにときどき明け渡さなければならない。スズメバチが樹洞を占拠するのは一年限りで、春から秋の期間に限られる。さすがにスズメバチの占拠中、ムササビは使用できない。縞模様のある美しいスズメバチの空き巣はムササビがかじりとって、樹洞巣として再使用する。

あるとき幹に開いた重要な樹洞巣が、春になって急に使われなくなった。夜間にその木の下で待っていると、訪れたムササビは巣の入り口をのぞいて、あわてたように去った。樹洞に何かいるな、と思っていたら、しばらく日にちがたった後にフクロウの雛が顔を出した。徹夜した初夏の早朝、巣立った雛が枝の上で「シャーシャー」と鳴いていた。そこへ親鳥がネズミをくわえてきて雛に与えた。やっと巣がムササビの手に戻ったと思ったら、大風が吹いて太枝が倒れ、巣があった空洞の下から幹がばっさり切られてしまった。

明け方近く、ムササビの巣に入りこんでいたテンが顔を出した。テンは樹洞巣から出ようとはせず、顔を出したり引っこめたりしている。なんということか、この巣を使っている母子の二頭が戻ってきた。空はすっかり明るくなり、最後のひと飛びで巣の木に着くというマツの梢にやってきた。ヘッドランプの光は朝の明るさに負けているが、母子の四つの眼だけは反射を返してくる。テンのことを知らない四つの眼が朝風に揺れる。私は、テンを追い出すべきか、自然のままにしておくべきか、心が千々に揺れていた。

すでに遅かった。若オスが梢から滑空してしまった。風に少し流されて幹に近づきつつある若オスの滑空を、私はまるでスローモーションの映画を見ているような感覚で見ていた。大きな音を立てて巣穴のわきに着いた。若オスは巣穴に顔を突っこんで、パッと五mほど上に逃げた。続いてパシャと、母親も巣穴の近くに着いた。巣内でゴソゴソと音を立てていたためか、息子の動きでわかったのか、母親は巣のわきを急いですり抜けて、上で「キュルル」と何度も鳴いた。この母子は捕食されるのを免れた。

テンは鐘突堂などの建造物に泊まるが、泊まる場所は不安定である。テンが使う場所はムササビの巣であるから、テンの使用期間中にはその巣をムササビが利用しない。テンが渡り歩いた地域では、ムササビの幼獣が次々と消失した。ほぼ間違いなく、テンが捕食したのであろう。ただし、テンの捕食で消失したと思われる成獣の例は確認できなかった。

ムササビの巣を脅かすものは、動物だけではない。木自身が穴を閉めるという防衛策をする。クスノキの大木の幹に開いた樹洞をムササビが利用していたが、入り口の周囲の樹皮が樹洞内へ巻きこむようにふくれて、ムササビが入ることができなくなった。また、樹洞が腐って底抜けして巣材が下へ落ちてしまった例や、樹洞巣のある枯れた太枝が落下した例もあった。

巣を提供する樹洞は内部が空洞であるから、風に弱く、折れやすい。折れるときには樹洞部分から折れるため、ムササビの巣が一気に消失する。それでも深い樹洞の場合は、煙突状の木になり巣として使われる。そのような巣が調査地のあちこちにある。朝に煙突の上から入る様子は、まるでサンタクロースのようで滑稽である。

最大の春の被害があったのは、一九七九（昭和五四）年五月一四日早朝に襲った二つ玉低気圧によるメイ・ストームであった。少なくとも四本の営巣木が倒された。そのうえ、同じ年の一一月二〇日遅くに来た台風二〇号が吹き荒れた翌日、それは忘れることのできない心痛む日であった。一一本の営巣木が倒され、じつに一六個の巣が一晩で失われてしまった。多くは、樹洞巣のある部分からぽっきり折れていた。

被害はその後も続いた。マツクイムシによって次々とマツが枯れ、切り倒されていった。松並木が虫歯のように欠けて、滑空の中継点を失ってしまった。営巣木が倒れ、そのため二つのメスのなわばりが合併して、大きななわばりになってしまった（第5章）。一つのなわばりに含まれる巣の数が、いかに重要であることか。

樹洞は鳥獣の隠れ家になり、繁殖場所にもなる。樹洞が多ければ多いほど、鳥獣とそれらを捕食する鳥獣を含めて、生物多様性が豊かになる。ところが、林業から見ると樹洞をもつ大木は「老齢過熟木」と呼ばれる。老齢過熟木を伐採することで森林が若返ると主張する。木材の生産という側面だけから見た近視眼的な価値判断である。

ひと晩の動き

◉排泄

夕刻に巣を出ると、最初の日課は排泄である。営巣木か、数本を滑空するまでに、木の上から三〜五㎜の丸い糞をパラパラと落とす。排尿もするが、音はしない。パラパラ音は、糞が枝葉に当たる音である。

近畿地方の神社で、日暮れてまもなく、マツの木の上からパラパラと砂をかける音がするが、木には誰もいないので、砂かけ婆《ばばあ》の仕業とされる（川道・川道 二〇一〇）。水木しげるの『ゲゲゲの鬼太郎』に登場して広く知られるようになったが、この妖怪の出現状況はムササビの脱糞以外に考えられない。

◉毛づくろい

もう一つの日課は、巣を出た直後か、排泄前後に行う「毛づくろい」である。ノミが体にたくさんたかっているうえに、巣にも多くの外部寄生虫がいるのであろう。毛づくろいには、後足と前足の爪、下顎の切歯、舌を使う。後足の爪で顔、顎、肩、横腹など、たいていの部位を毛づくろいする。後足が届かない背中は、頭を後ろに振り向けて下顎の切歯でくしけずる。頭部の毛づくろいには前足も使い、頬や喉を片手で掻いたり、両手を使って顔を洗ったりする。耳の穴は後足の爪で掃除するが、ほとんどの場合、終わってから爪を口でなめる。切歯と舌を使った毛づくろいは、頭部を下へ向けて前足、胸、腹、横腹にも及び、さらに頭を振り向けて腰を毛づくろいする。

尾の毛づくろいでは、頭を後ろに振り向けて両手で尾を抱えて、背中の上で歯でくしけずる。または、尾を足元の枝の下をくぐらせて前方へ曲げ、正面で両手で尾を抱えて歯でくしけずる。別名オカツギと呼ばれるだけあって、尾が長いからこそ足元の枝をくぐらせて毛づくろいできる。この毛づくろいの方法は私の知る限り、樹上棲リスで初めて観察されたと思う。

◉においづけ

夕方に出巣してまもなく、営巣木などの梢で大きく強く「グルル、グルルル」と鳴く。そして、次々と滑空して食物のある木に着き、食べ始める。ここに来るまでに、オスもメスも滑空に利用したマツやスギ、巣穴の入り口周辺、他個体が訪れる木に、「においづけ」をする。口の周辺を左右にこすりつけたり、ときには顎の先端の下を前後にこすったりする。これらの部位に、におい物質を分泌する臭腺があるか確認していないが、においかぎをした直後にこすることから、においをつける効果は間違いないだろう。

滑空して幹の下方に着いたムササビは、人が近くにいれば安全な高さまで急いで登る。そうでなければ、幹を登る姿勢を保ったまま首を伸ばして、枝の付け根、折れて短くなった下枝や、木こぶを、一つひとつにおいかぎをしながら登る（口絵⑱）。においかぎの後に、その部分をかじることも多い。他個体のにおいをかじり取るためかもしれない。かじった後に、食べる場合もある。かじった後に唇周辺か顎の先端をこすって、においづけをすることもある。

幹から枝が伸びる部分の「枝の付け根」は、ムササビにとって重要なにおいセンターである。発情近いメスは、外部生殖器を少し突き出して、枝の付け根にポチポチと液体をつけていく。それも、下からすべての枝の付け根を経由して、判をつくように液体をつけていく。自分の発情日（交尾日）が近いことを知らせる掲示板のようなものである。メスが液体をつけた跡を、オスは執拗にかぎ続ける。

活動を終えて休息するのも、枝の付け根である。近くに同性か異性の個体が来れば、すぐに幹へ移動して、梢から逃げるなり、追いかけるなりできる。交尾騒動のときに、枝の先へ逃げたメスを防衛する優位オスは、メスのいる枝の付け根に陣取る。メスが滑空するには、枝の付け根を通過して幹を登らなければならないし、幹を下から登って来るライバルのオスを追い払うにも絶好の位置である。

◉休息

出巣後、一・五～二時間が過ぎると、夜の森は静かになる。まだ熱心に食べている個体もいるが、枝の付け根でじっと動かない個体が目につく。休息時間帯に入ったのである。休息には、うずくまった姿勢をとるが、おでこを足元の枝につけて、尾を背中にのせて、眼を閉じる（**図4-2、写真4-2**）。半眼でいても、眼の反射は弱い。休息する場所は、枝の付け根が主で、枝の二股や太枝の中央でうずくまることもある。

休息中に突然、頭を上げて「グガー、グガー」と鳴いて、またすぐに元の姿勢に戻り、休息を続ける。そこへ別のムササビが来ると、ぱっと幹へ戻って上へ行く。他個体の鳴き声や風で枝がざわめくと、休息姿勢から頭を上げて、その方向へさっと頭を向ける。他個体の存在にはずいぶん注意を払っていて、反応もすばやい。樹洞巣のある木でも、巣に入らずに枝の上で休息することがあるのは、他個体の動きを察知するためかもしれない。しばらく活動した後なので、休息場所は昼間に泊まった巣から離れた位置にある。メス成獣は泊まった巣からは遠い、隣接のなわばりに近い場所で休息するように見える。この休息は五〇～六

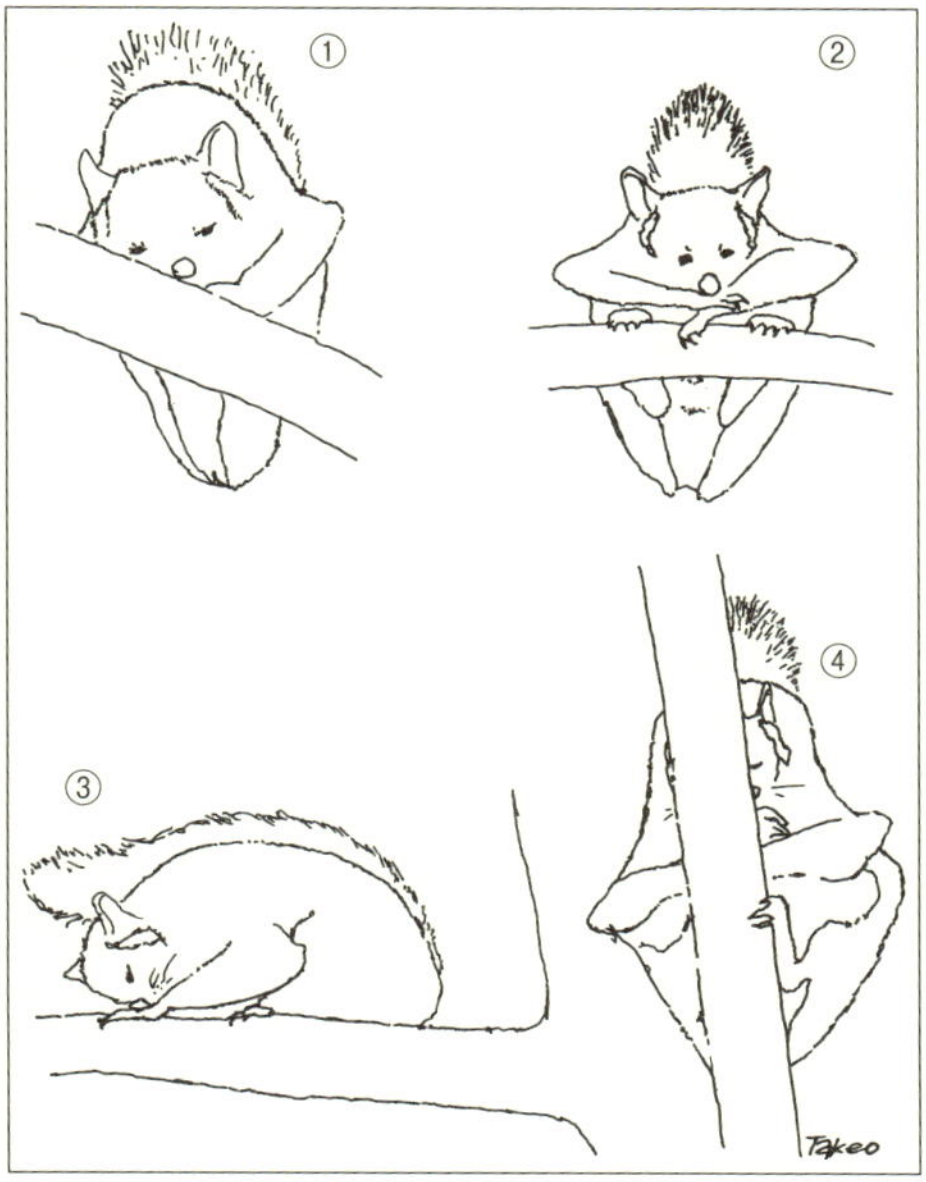

図4-2　樹上でのさまざまな休息姿勢。
基本的には、おでこを足元の枝につけて、尾を背中にのせて、目を閉じる（③④の姿勢）。

写真4-2　マツの枝の付け根で休息する。

〇分、ときには二時間も続く。

◉再び活動

休息後は、夜明け三時間前まで、移動して食べたり、毛づくろいしたり、休息したりと、個体によって異なる。この時間帯に連続して滑空する個体がいるが、それは遠出をするときか、遠くの外出先から帰るオスである。こうして、明け方まで活動と休息を繰り返す。明け方の帰巣まで普通は巣へ戻らないが、授乳時期の母親は数回帰巣する。冬の真夜中（二二〜二時）には、低温のためか、多くの個体が一時的に巣に滞在する。

最も活発なのは、夕方の出巣直後と明け方の帰巣前の一〜一・五時間である。この活動性は、季節・日長時間とは関係なく、一年を通じて普遍的である。六月二一日頃の夏至は最も昼が長く、夜が最も短い。一二月二二日頃の冬至はその逆で、夜が最も長い。一回目の休息後からの活動再開−休息−活動再開がひと晩で何回繰り返されるのか、活動時間帯が個体間でどの程度同調（シンクロナイズ）しているか、未解決である。夜が短い夏では、最初と最後の活動を含めて三回の活動ピークがある（岡崎 二〇〇四）。しかし、夜が長い冬では、活動ピークの数が増え、個体間のピークの同調性が明瞭ではないようである。

夏では午前二時には活発に採食を始めている。明け方の鳴き声の頻度は、夕刻ほどではない。しかし、採食は熱心である。巣に向けての道筋で、数本の木で最後の採食をする。

◉帰巣

明け方の帰巣は、出巣のときの警戒心とは異なり、観察者が近くにいても意外に無頓着に巣に入る。巣の近くに戻ってきたニホンリスやエゾリスは、観察者がいると、巣の近くでじっとしていて、なかなか入ろうとしない。ついには、別の巣へ向かうことさえある。ムササビの場合は、巣の木から一五ｍくらい離れていれば、ライトをつけていても、さっさと樹洞に入る。

巣穴に到着すると頭から入り、すっと姿が消えるときや、しばらく後ろ半身や尾だけが外へ出たままのときがある。ときには入り口のわきにある小枝でじっとしてから巣に入る個体もいた。この行動は、私に警戒するというよりは、明るくなるのを待っている様子である。巣に全身入ったものの落ち着かない様子ですぐに出巣して、別の巣へ移ることは稀である（二例観察）。

巣穴に入った瞬間、尾だけがしばらく（一〇秒〜六分）巣穴の外に残っていることがある。尾を残すムササビは間違いなく母親である。乱暴に巣に入って、下にいる子どもを踏みつぶさないようにしたり、子どもを毛づくろいしたりしているのであろう。しかし、樹洞が深いと、母親であっても尾を残さずに中に入る。樹洞巣に体全体が入ると、体を一回転して入り口から顔を出して、しばらく外を見ていることが多い。

◉雨風の影響

雨や雪は活動にどう影響するのだろうか。ムササビは太い尾を背中に乗せているから、少々の雨が降っても背中に傘をさしたようで背中は濡れない。しかし、雨をたっぷりためこんだ枝先では、一歩進むたびに揺れる枝先から、ざっ、ざっと雨水が降り注ぐ。雨の夜に巣に一時的に避難するかどうかは、わかっていない。雪の日も活動するが、枝に厚く雪が積もった場合に、どの程度の活動性があるかは不明である。

土砂降りのなかで交尾日を迎えたときの観察では、数頭のオスがメスの巣の周囲で飛び交っていた。交尾をしたいオスたちは雨をものともしなかった。退却したのは私であった。見上げる私の眼に大粒の雨滴が容赦なく降り注ぎ、双眼鏡の接眼レンズがくもり、最も重要な日の観察は続行不可能であった。

風の強い日は活動性に大きな影響はない。しかし、外出を始めたばかりの若い個体は、揺れる枝先からなかなか滑空できないでいた。別の成獣は滑空の最中に風にあおられて、ぐらりと体が横に流れた。そこは水面の上で、今までに溺死したムササビを二頭発見していたので、心臓の鼓動が止まった気がした。

巣の出入り時刻

あるムササビは、まだ陽の高いうちに巣穴から顔を出して、見下ろしたり、西の空を見たりして、暗くなるのを待つ様子である。別のムササビは、真っ暗になるまでいっさい顔を出さず、巣を替えたかと戸惑った瞬間に、ひょいと顔を出す。出巣は日没後約三〇分、照度一ルックス以下である。その時刻帯に大部分の個体は出巣する。

巣の外へ尾の先端が出た出巣の瞬間と、尾の先端まで巣に入った帰巣の瞬間は、合計七五七回記録した。そのうち、子どもの出入りを除いた三三九回の記号を図4-3に示した。出巣も帰巣も、一年の日長変化にともなってずれていく様子がよくわかる。

夏は昼間が長いだけに、巣内のムササビは午後遅くには空腹になるはずで、暗くなるといっせいに出巣する。一方、冬は昼間が短いせいか、出巣時刻がばらつき、最大一・五時間の幅がある。出巣が遅くても、翌朝まで時間はたっぷりある。屋根裏に住む個体の出巣が遅いが、日没の暗くなっていく変化を感知できないのであろう。

帰巣時刻も日長時間の季節変化に対応した変化を見せる。夜が短い五～九月は比較的集中して帰巣するが、夜が長い秋以降は帰巣時刻の幅が大きい傾向がある。帰巣は日の出二時間半前から始まる。その頃はまだ真っ暗な夜空である。多くの個体が帰巣する頃は、まだ完全な暗闇だが、東の山なみがシルエットでぼんやり浮かび上がっている。その後、日の出のかなり前から、太陽が昇る予定の稜線の位置から、一本の光がサーチライトのように暗闇へまっすぐ突き上げる。三時以降に巣に入ると、他のムササビに追い出されない限り、明け方まで再び目撃することはなく、同じ巣で夕刻までを過ごす。

日長時間の季節変化に加えて、年二回の交尾期（一一月下旬～一月下旬と五月上旬～六月下旬）とその後の出産・子育てが、出巣時刻に大きな影響を与える。一般にオスはメスより出巣時刻が早い。この性差は交尾期に入るとはっきりする。メスの発情が近づくと、オスは日没前でさえ出巣してメスの巣へ向かう。発情近いメスは逆に出巣は遅くなる。あるオスの出巣が日没前になった日は一日あったが、この日は相手のメスの交尾日であった（**図4-3**の矢印）。一〇～一二月に出巣が極端に遅いメスがいるが、夏子の授乳時期と関係している。授乳期の母親は出巣が遅く、子どもの成長とともに出巣時刻が少しずつ早まる。

帰巣時刻にも性差が見られる。メスの帰巣は早く、オスが遅い傾向が、八～一〇月に見られる。冬（一一・一二月）に帰巣時間帯の幅が最大になり（一二時間）、日の出二・五時間前に帰巣するメスもいる。子育て中の母親は夜間に数回、授乳のために帰巣する。六月下旬～七月中旬に、深夜に帰巣するオス成獣がいるのは、交尾期が終了してから睾丸が収縮して活動性が低下したことをうかがわせる。

冬季には雌雄ともに深夜に巣で一時的に休息する個体が多い。そのため、**図4-3**に示した深夜の帰巣は、授乳や休息のための一時的帰巣か、ひと晩の活動を終えた最後の帰巣であるかどうか判定できない。日の出二〇～三〇分前までには全員が帰巣している。

図4-3の左右を比べると、出巣のデータ数は帰巣よりはるかに少ない。この理由は、朝に泊まる巣をときどき替えるため、私が夕方に待機する木に泊まっている保証がない（その場合は、朝に泊まった

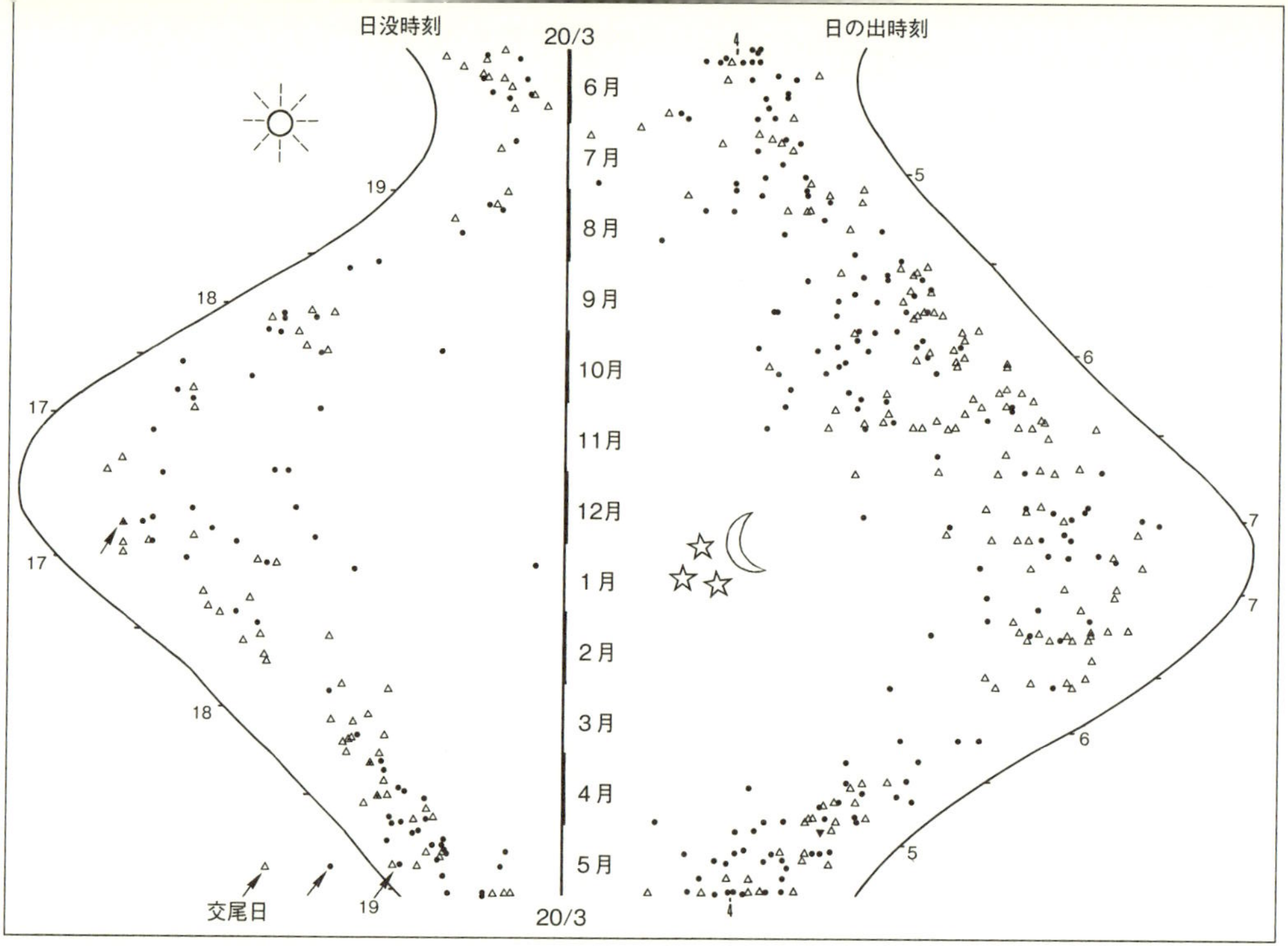

図4-3　巣の出入りの季節変化。
左側の曲線は日没時刻、右側の曲線は日の出時刻、△オス　●メス。交尾騒動の日はオスが日没前からも出巣する（矢印）。オスはメスに比べて、早く出巣し、遅くに帰巣する。

のを確認すればよい)。空の巣を見ているのか、出巣が遅いのかとやきもきしているうちに、まわりですでに飛び回っている個体に目を奪われてしまう。一方、帰巣時刻は、一頭を帰巣まで追跡すると、次の一頭を探し出して帰巣まで追跡する。こうして、帰巣時刻はひと晩で複数回の記録がとれる。

東の空が白んできた。日の出の数時間前に熱心に採食をした後、木から木へと連続して滑空しながら、巣の一本手前の木までやってきた。その木の梢で空が明るくなるのを待つように動かない。もうヘッドランプの光は朝の明るさに負けて、ムササビを照らす力はないが、二つの眼だけは光を送り返してくる。朝の風が梢を揺らすと、二つの小さな光も揺れる。

ひと飛びで巣の入り口に到着し、入ってしまうと、それが合図であるかのように小鳥の交響楽が始まった。それは夜行性になりつつある私には、違う世界の幕開けに感じられた。

巣箱にビデオカメラ

野外実験をすることもなく、自然観察だけを貫いた私の方法は絶対的なものではない。私の研究方法を補ってくれる新しい研究を進めている人がいる。野鳥の観察と撮影に長らく携わってきた金澤秀次氏である。

金澤氏は福島県矢祭町に築一五〇年の屋敷を所有している。天井裏に住んでいたムササビの出入り口をふさいだところ、屋敷の背後にある屋敷林に架けていたフクロウの巣箱に、その子ども「悠」が住みついた。そこで、ムササビ用巣箱を五個架けて、巣箱内を撮影するビデオカメラを四個の巣箱の蓋に取りつけた。巣箱から電源コードを母屋まで引いて、ビデオデッキと接続する。赤外線を照射する装置がついているので、昼夜にかかわらず巣箱内の映像が映る。家に居ながら四つの巣箱の利用状況がわかる。メス成獣になった悠の巣箱の出入りを五年を超えて記録した多量のビデオテープから、さまざまなデータを引き出せる。そのうちの一つが、出巣と帰巣の時刻と、巣箱内の行動との関係である（金澤・川道二〇一二）。深夜の帰巣は、一時的休息か授乳かなど、遅い出巣と早い帰巣の理由が明らかになった。

まず、調査地の日の出・日没時刻を知る必要がある。現地の日の出・日没時刻とは、東端から太陽が昇る時刻、および西端の地形に太陽が沈む時刻である。しかし、山に囲まれた調査地では、日の出・日没時刻を、夜行性の活動と結びつけた分析はできない。国立天文台や理科年表にある各地気象台の日の出・日没時刻は、各地気象台の実測値ではない。緯度・経度から計算された理論値である。国立天文台のホームページにある「こよみの計算」では、市町村名か調査地の緯度・経度を入れると、調査地の日の出・日没時刻がわかる。しかし、各地気象台の標高を考慮していないので、標高一六〇ｍの矢祭町の標高〇ｍの値ということになる。標高を考慮していないことは、知られていない（標高が高くなると、日の出が早くなり、日没が遅れる）。

悠の出巣時刻は一一三日の記録があり、夏季（五〜九月）の平均は日没後三六分、冬季（一一〜一月）の平均は日没後五七分であった。出産・子育て期である二月は日没後九九分、三月は日没後一七八分遅かった。通常の出巣時刻より三〇分以上遅れた出巣は、出産・子育てで遅れた六例と、風邪と思われるくしゃみを繰り返した二例があった。子育て中は出巣が遅いうえに、三〇分後にもう帰巣したことがあった。

ひと晩の最後の帰巣時刻は、夏季（五〜九月）の平均が日の出の二五分前、冬季（一一、一二、二月）の平均が日の出の六三分前であった。最も早い帰巣は日の出の二二四分前であった。通常の帰巣時刻より一時間以上早まった例は、出産・子育ての二例と風邪が一例あった。

授乳以外に、深夜に一時的に巣箱に戻る行動が冬季（一一〜一月）に見られた。おそらく低温と関係するのであろう。深夜の帰巣が、一時的帰巣なのか最後の帰巣であるかは、私の研究方法では判断できないまぎらわしいデータになる。深夜の帰巣を目撃したときに、朝までその場で待てば判断がつくが、そのために費やす労力と得られるデータの価値との対費用効果を考える必要がある。金澤氏の研究方法であれば、対費用効果で悩む必要はない。ただし、ビデオカメラには電源が必要で、屋敷林という好条件があってこそ成り立つ研究であった。

東北地方太平洋沖地震（二〇一一年三月一一日）の激烈な揺れが屋敷林を襲った。その八日後に訪れると、屋敷林にあるすべての巣箱から悠が消えていた。それまでの六年間、毎月一回、屋敷林を調査したが、悠は一度も屋敷林を離れたことはなかった。激しい余震が続くなか、四月二五日に再び訪れた金澤氏は母屋のビデオのスイッチを入れた。すると、悠は生後一年の娘と巣箱に戻っていた。それどころか、悠は春に新しい子を産んでいたのである。悠はたくましい母親であった。

第5章　行動圏となわばり制

行動圏の構造

　ムササビのひと晩の移動を、垂直面と水平面の両面から見よう。垂直面の移動は、泊まった巣から出発して、その幹を登り、梢より斜め下方へ滑空して、別の幹の下方に着き、再び上へ向かうという、上下にジグザグの利用になる。水平面から見る移動は、点（樹木）と線（滑空ルート）で成り立つ。

　定住するムササビは、一頭一頭が、ある決まった範囲内で毎日の生活を送る。水平面の点と線をすべて含む最外郭を結んだ範囲が行動圏（ホーム・レンジ）である。行動圏の元来の定義では、ときおりの遠出を含めないが、遠出かどうかの判断が実際上できないので、動き回った範囲すべてを行動圏とするのが普通である。ちなみに、定住しない個体とは、母親の行動圏から離れた若い個体と、定住していたが他の個体に追い出されて放浪中の個体である。

　毎日の生活を成り立たせる基本要素は、巣と食物と滑空用の木である。**図5－1**は、三頭のメス成獣が移動したルートである。メス成獣は自分の行動圏内にある、前日に泊まらなかった巣と樹洞を訪れて、入り口でにおいをかいだり、内部を点検したりする。この点検で、自分の行動圏内の巣に誰かが泊まったかどうかを知るのだろう。

この図から読み取れることは、①長距離の滑空には、高く直立した樹形をもつ針葉樹（マツとスギ）を出発にも到着にも使う、②使用しなかった巣がある木を訪問する、③行動圏の面積と形は、最外郭の線の引き方によってかなり影響を受ける、④メス同士の行動圏はほとんど重ならない。

点（樹木）と点（樹木）を結ぶ線（滑空）は、樹高と樹間距離で決まる。飛び出す木が高ければ、滑空距離が伸び、遠く離れた木まで移動できる。移動ルートを決める三つの要素とは、スギやマツなどの高木を滑空用に選ぶこと、宿泊に使っていない巣穴を点検すること、食物を提供する木を採食に訪れることである。これら三要素が行動圏内でどのように分布しているかで、点と線の組み合わせが主に決められる。とくに、食物の季節変化によって、採食のための滑空ルートがさまざまに変化する。

マツとスギは滑空用に好まれるだけではない。マツはほぼ一年中、種子か雄花を食物として提供する。スギは雄花の利用頻度が低いが、巣に利用する樹洞が多く、巣の点検に訪れる。しかし、針葉樹のどの木も滑空用に均一に利用されるわけではない。移動先への滑空途中にじゃまな木がないこと、到着先の幹を隠す枝がないことである。滑空の出発と到着に頻繁に使う木はかなり決まっている。遠くへ移動するときには、まるで幹線道路のように、滑空用の木を次々と滑空していく。観察者が追いつかないほどの移動速度であるから、たいてい見失ってしまう。しかし、私は幹線ルートを知っているので、先回りして待っている。そこへムササビがやってくる、じつに爽快である。

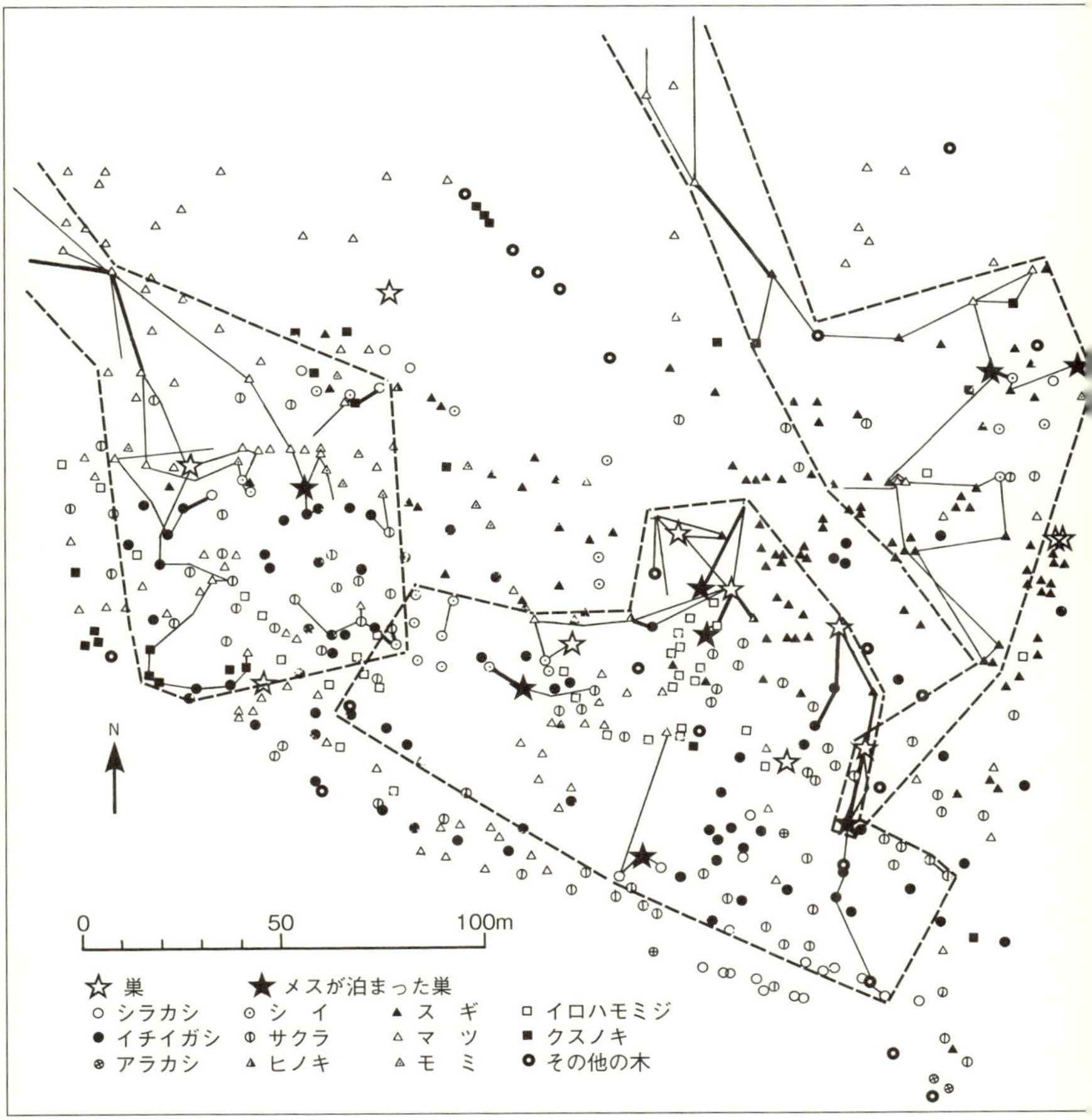

図5-1　３頭のメス成獣が滑空したルート（1983年４～10月）。
滑空ルートは細線（１回）か太線（２回以上）で示す。破線は行動圏の外郭。隣接するメスとは、数本の木しか共有しない。

アラカシ、シイ、シラカシなどのカシ類やサクラの木は、主に採食のために訪れる。これらの広葉樹は、滑空を始めるのに適した樹形ではなく、到着するにも幹を覆う枝ぶりがじゃまになる。そこで、木と木が触れあうほどに近ければ、枝伝いや短いジャンプで隣の木の枝先に移る、すなわち点と点が直結する。枝先と枝先が接するときは枝わたりで、伸ばした手が隣の枝先に届かないとジャンプするが、必ず飛膜を広げる。その場所での採食を終えると、近くのスギやマツまで移動してから、遠くへ去る。

◉メスの行動圏の調査

六カ月間で得られた行動圏は、六五haの調査地に、メス成獣が三五頭、若メス一三頭と若オス一〇頭である。若い個体はどれかのメス成獣と行動圏をほぼ一致させているので、そのメス成獣の子どもである。木が生えている場所は、びっしりとメスの行動圏で埋められている。**図5-2**はメス成獣二〇頭の行動圏の分布である。周辺部に住む一五頭は省いてある。

野生哺乳類を研究した経験がある人なら、六カ月間でこれだけ多くの行動圏を描けるのかと驚かれるだろう。私自身、じつにうまくいったと感じている。調査中は、野外調査をする者の醍醐味を味わった。成功した理由は、調査地の木々の密度と木の高さがほどほどであり、高密度でムササビが生息していたうえに、詳細な地図がすでにできていた地域を調査地に決めたからである。木々が密生していると滑空先の追跡が難しく、高い木では遠くへ滑空するので見失いやすい。

私はメス成獣の行動圏の間に挟まれた空白の隙間「空き地」に足しげく訪れて、その空き地をどのメスが使っているかを知ろうとした。こうして、空き地の周囲にあるメス成獣の行動圏が拡張していき、

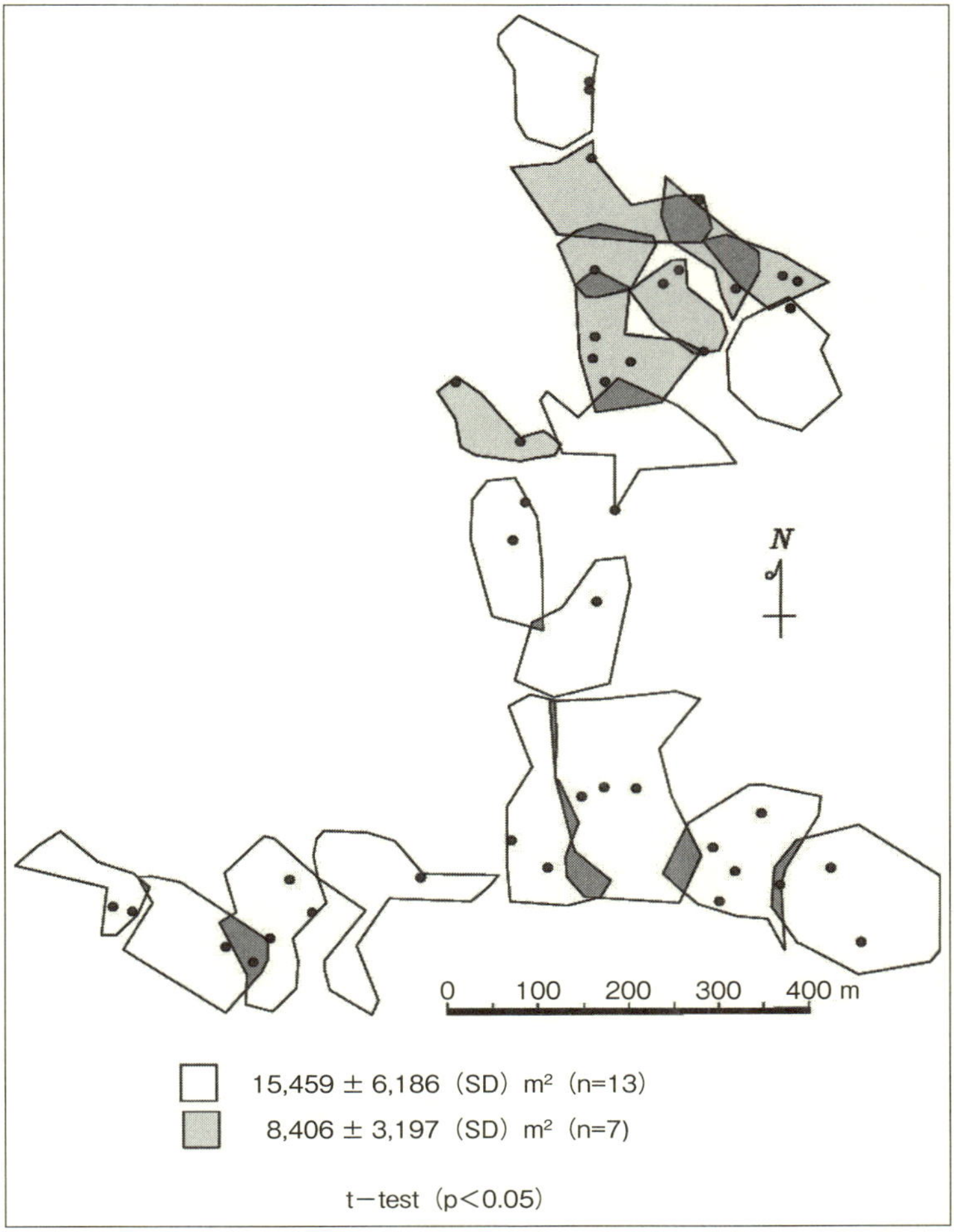

図5-2　６カ月間（1978年９月～1979年２月）で得られたメス成獣20頭の行動圏の分布。隣接メスとの重複はわずかである（濃い灰色部分）。木が密な上部では、行動圏は小さい（薄い灰色部分）。丸印はメスの使用した巣。図5-1は図5-2の左下部分にあたる。

空き地を少しずつ埋めていった。このような行動圏の線引きを、私はプレート法と名づけた。

行動圏の外郭をどのように線引きするかは案外難しい。目撃データは一本の木であったり、連続した追跡ルートであったりする。私の方法は調査地を一枚のプレートと見なし、空き地をできるだけ埋めていくやり方で線引きをする。つまり、行動圏面積を最大にする線引きである。単独行動をする哺乳類は、メス同士の行動圏がわずかしか重複しないから、空き地をどのメスが使っているかに注目するプレート法は多くの種《しゅ》で利用できる。

観察時間が増えれば行動圏面積は増加していく。**図5-2**に示された各メスの観察時間と目撃回数はばらついているから、メス同士の行動圏面積は厳密には比較できない。ある木での目撃は一つのデータとして処理できるが、滑空をどのように評価するか検討の余地がある。行動圏内の利用頻度を比重づけするには、滑空ルートの処理に、ある種の人為的な定義が必要であろう。

メス成獣の行動圏の空間分布を見ると、お互いの行動圏の重複が非常に少ない。行動圏は大きいのも小さいのもある。連続する森林では、行動圏は四角か長方形に近い多角形である。しかし、森林の幅が狭いところは細長い形になる。さらに細い形は、隣接の行動圏への一時的な侵入か、調査地の観察範囲の境界線によって人為的に切断された結果である。

◉調査に適した季節

行動圏を調査する時期で重要なのは、調査する季節である。落葉した秋以降は、ムササビが見つけやすくなるので、好適な時期である。もう一つは、食物の季節変化を考慮した調査時期である。三月から七月は、行動圏内に散らばる多種多様な食物を求めて動き回る。秋から冬にしか食べない食物の採食場所も押さえる方がよい。

そのうえ、オスは年二回の交尾期に発情するメスを探索するため、相当広い範囲を動き回る。オスの行動圏を把握するには、冬と初夏の交尾期の行動範囲を調べる必要がある。とくに、冬は交尾期が二カ月間あり、広葉樹は落葉していて観察しやすく、最適の時期である。メスは年に二日しかない交尾日にだけ行動範囲が少し広がる。

◉生息密度と行動圏

メス成獣の行動圏には、大きなばらつきがある。**図5-2**の上部では小さな行動圏が集中していて、生息密度が高かった。他のメスの行動圏に囲まれた行動圏について面積を測定した。図上部の七つの小さな行動圏は平均〇・八haであり、図下部の大きな一三個の行動圏は平均一・五haで、有意な差があった。

図の上部は樹木が多く（食物量も多く）、巣の数も多いという特徴があった。密度を決める要因は、食物量か巣の数のどちらか、または両方の要因で決められているのだろうか。季節を通しての食物量の変化を比較していないが、巣の数が多ければ行動圏が小さいとの関係は明らかである。

周辺部には小さい行動圏が多くある。これは、調査範囲の外側で大部分を過ごす個体が、調査地内に顔を出すからである。仮に調査地を広げても、周辺部には別個体の小さい行動圏が常に現れてくるわけで、解決にはならない。

最近はコンピューターのソフトで行動圏面積を簡単に測定できるが、周辺部の問題は解決しない。周辺部の成獣を一頭ずつ追跡して、それらの行動圏の最外郭を調査地の境界にすれば、人為的に決めた調査範囲の境界で生じた影響を減らせる。周辺の個体を長時間追いかけるか、発信器をつけて位置を突きとめる。その方法を採用するには、調査面積を相当減らさなければ、私一人でできる労働量を超える。

◉行動圏の研究

夜行性の多い哺乳類の行動観察は鳥類より難しいため、行動圏の研究は哺乳類の生態を表現する形として受け入れられた。今までに哺乳類の行動圏研究について膨大な論文が発表された。しかし、現在は「……の行動圏について」といった論文のタイトルは、あまり見なくなった。行動圏を分析するコンピューター・ソフトは商品として販売されていて、パソコンでデータを入れれば、数種類の分析方法による行動圏面積が即座に得られる。

行動圏の記述は、本書のような一種について多様な角度から記述する種モノグラフには、なくてはならない項目である。では、なぜ行動圏の研究が下火になったのだろうか。その理由は、ワナ法や発信器をつけて追跡するテレメトリー法で得られた位置ポイントの最外郭を引いても、生物としての情報が乏しいからである。位置ポイントから得られる情報は、そこに居たという事実だけである。とくにワナ法では、捕獲ポイントが少なく、餌を食べる目的で同じワナに繰り返し入るという欠点もある。

行動圏面積を比較して、性差（オスはメスより大きい）、地域差（食物の豊富な場所では小さい）、密度差（高密度では小さい）、季節差（交尾期では大きい）が得られてきた。行動圏の重複（同性同士と異性間）を調べて、群れを形成しない種では、メス同士の重複が少なく、オス同士は重複が大きい。異性間では、特異な交尾システムをもつ種を除き、完全に重複する。これらの傾向は多くの哺乳類に共通していて、ムササビも例外ではない。似通った情報が蓄積されるにつれて、行動圏の研究熱が下がってきたのは当然といえる。

しかし、地域的にまとまった行動圏のデータがとれた研究では、本書のように空間構造として捉えて、生息密度、性比、オスの行動圏がカバーするメスの数、季節的な行動圏の偏りなどについて分析ができる。しかし、このレベルまで達した研究は少ない。

それでは、行動圏の研究を発展させる方法はないのか。私が最も重要と考えるのは、追跡個体がなぜ特定の位置ポイントにいたかを把握することである。把握する手段は、行動観察が最善であるが、それが無理であれば、テレメトリー法などによって位置が判明したら、その位置にいる追跡個体が何をしていたかを直接に行動観察することである。発信器の位置ポイントを地図上に落とすことに終始していては、研究の発展はない。

メスのなわばり制

メス成獣は、数回滑空すれば行動圏の端まで届く小さな範囲で、一年中を過ごす。自由にはばたく小鳥が案外小さな空間のなわばりで過ごすように、ムササビのメスも自由ではない。小さななわばり面積でも、母親と子ども数頭が生活する一年分の食料は保証されている。

メス成獣の行動圏は、お互いにほとんど重複することなく分布する。隣接のメス同士が共通して利用した木は三本だけであった（図5−1）。図5−2の上部の高密度地域では、重複程度がやや大きくなる。重複部分で二頭のメス成獣が出会うと、激しく追い出すか、お互いが対峙するので、メス成獣はなわばりをもつことがわかる。互いに行動圏がほとんど重複しないので、平均一・一haの行動圏全体をなわばりとしている。

「縄張り」とは英語のテリトリーの訳である。テリトリーとは、通常、領土、領地の意味があるが、地域、管轄区域、地盤、鳥獣のなわばりの意味も含んでいる。元来、日本では縄を張って自分の所有権を主張することを縄張りと言っていた。なわばり行動は、無脊椎《むせきつい》動物、魚、鳥類、哺乳類のさまざまな分類グループで、多くの種で見られる。

なわばり制にもさまざまなタイプがあり、一頭で防衛する「単独なわばり」や、グループで守る「グループなわばり」がある（川道　一九八二）。排除する対象は、同種のオスだけ、メスだけ、同性に対してだけ、両性に対して、および別の種に対しての種間なわばりがある。防衛する場所は、巣や産卵場所であったり、交尾や求愛する場所であったり、ムササビのメス成獣のように、生活する全範囲を防衛したりする。維持する期間は、繁殖期だけであったり、一年中であったりする。

ムササビに話を戻そう。メス成獣は巣も食物も含む行動圏全体を一年中防衛するから、何を防衛しているのかはっきりしない。しかし、交尾相手のオス成獣を防衛対象としてはいない。同性に対するなわばり防衛であるから、メス自身とその子孫の巣と食物という資源を防衛していると考えられる。とくにムササビは産仔数が少なく、子どもたちは性成熟まで長期間、母親のなわばり内に滞在するので、出産二回分の子どもの生活を保証しなければならない。

なわばり境界近くの木が食物を提供するとき、隣接のメスが採食するために侵入する。侵入したメスを追い出すときは、追う方も追われる方も猛烈なスピードを出す。体の接触をともなった戦いはまだ観察していない。両者のなわばり境界付近の木では、二頭が離れて対峙することもある。二頭が数メートルまで近づいて、同時に自分の領域にそれぞれ逃げこむという「逃げあい」もあった。そのときに、どちらかが「キュルル、キュルル」と鳴いたり、地団駄を踏んだりする。

多くの鳥獣では、なわばり宣言に音声を頻繁に使い、独特な宣言声をあげる。ムササビのメス成獣にはとくべつな宣言声はない。大きな鳴き声は「グルルル」であり、オス成獣の声とは違いがないように聞こえる。しかし、メスの侵入者がうろつくときは、定住メスはいつもより頻繁に鳴き声をあげるから、鳴き声がなわばりを維持する一定の役割があると考えられる。

地団駄は、後足の片足で、自分のいる枝を繰り返し力強く叩く行動である。地団駄を踏むと、枝が「タッ、タッ」と音を立てるし、細い枝では枝にある全部の葉が葉ずれで「シャッ、シャッ」と音を立てて震える。地団駄は普通一〇回以下であるが、侵入者と対峙して合計六二回も地団駄を踏んだ例があった。心理的には攻撃したくても攻撃できないジレンマに陥っていると考えられ、相手には威嚇音としての効果があるかもしれない。双方が地団駄を踏んだことはない。

定住するメス同士の行動圏の重複がわずかなので、隣接メス同士のなわばり行動は稀にしか観察できない（二三例）。隣接のメス同士はお互いのなわばりへ侵入しないから、オスほどには攻撃的な性質をもたないメスは「避けあいなわばり制」を採用しているのだ。メスが争いで傷つけば、授乳中の子まで失う危険があるから、メス同士が避けあうのには理がある。

◉定住メスと放浪メス

ただし、定着をねらう放浪メスは、執拗になわばり内へ侵入する。定住するメス成獣は、自分のなわばりを防衛するために、侵入してきた相手に対する攻撃をやめない。自分のなわばりから離れるまでは追跡し、途中で相手を見失っても見失った付近でうろついて相手を探す。

定住メスは夕方に出巣すると、まずは自分のなわばり内にある巣穴を一つひとつ訪れる。巣の入り口の周囲を、熱心に「においかぎ」したり、口の周辺でにおいづけをしたりする。短時間、巣の中に入って、誰か泊まったかどうかチェックすることもある（第4章）。放浪メスがうろつく状況では、定住メスは採食よりも巣穴のチェックを優先する。

定着を試みる放浪メスは、追われては隣のメスのなわばりに逃げれば、もう追われることはない。そうやって、複数のメスのなわばりを行ったり来たりして、居続けようとする。隣のメスも侵入者に気づくから、放浪メスがいるなわばりの境界付近に隣接する二頭の定住メスが近づくことになる。放浪メスが定着メスと争って優位になる例が一回あったが、結局は元からいた定住メスが居続けた。

なわばりで埋めつくされている場所で、定着を試みて、しばらく滞在できたメスがいた（二例）。一頭は小さな空き地（鐘突堂）を中心に、空き地を取り囲む三つのなわばりのへりを使っていた。このメスは、なわばりメスに追われては、別のなわばりへ逃げるというやり方で滞在していた。定着を試みた二頭の放浪メスは、「グルルル」という鳴き声を異常に高い頻度で発していた。

外出を始めて一カ月ほどの若メスは、隣のメス成獣にゆっくり近づき、三〇㎝までになった。母親と間違ったのかもしれない。隣のメスは若メスを激しく追った。滑空して逃げた先の木では、若メスより上部にメス成獣が着いた。上に行けないでいる若メスをメス成獣が直接攻撃して、若メスは地面に落下した。若メスといえども、同性に対しては容赦をしない攻撃であった。こうして、若メスは母親のなわばり境界を覚えていくのであろう。

なわばりの変化

私が調査した地上棲のツパイやエゾナキウサギは、なわばりの境界が道路など不連続な植生や地形に引かれることが多い（川道　一九七八、一九九四）。しかし、ムササビは地上の植生がまばらであっても、道路があっても、滑空で越えてしまう。なわばりの境界は、木が分布しない空き地と、巣がほとんどない地域の中央に引かれることが多い。

八年の間には、多くのメス成獣が消失し、新しいメスが定着した。メス成獣が消失するときは、新しいメスになわばりを乗っ取られる場合と、消失したままの場合がある。別のメスに置き換わらないままに定住者が消失した理由は死亡したのであろう。消失したメスに娘がいればその場所を継承し、娘がいなければ、しばらく後に新しいメスが定着するか、隣接のメスが消失した空のなわばりを吸収した。

メス成獣の消失はあちこちでポツン、ポツンと不規則に起こったので、乗っ取ったメスや跡継ぎの娘は、前の保持者のなわばりの形と面積をそのまま受け継いだ。空になったなわばり空間を隣接メスが吸収した場合は、急になわばり面積は二倍の広さになり、ちょうど部屋の隅を丸く掃くように、周辺部は使われなくなった。

なわばりの形・面積が変化した多くのケースは、ムササビ同士の社会関係が原因であった。他に、生息環境の変化がなわばりの形を変えたこともあった。それは大風や台風であった。強風で樹洞巣のある木が倒れたり、マツ枯れで中継木が切られたりして、なわばりの形が変わった。

各メスのなわばり内に巣の数は二〜一一個ある。メスの使用していた巣が一つしか確認されておらず、その巣が消失した場所では、なわばりが消失し、隣接メスが吸収した。そのことから、なわばり面積を決める重要な要因の一つは樹洞の数とわかる。なわばり内にある数個の巣に依存するメスにとって、巣の存在こそがなわばりを維持するために重要と思われる。樹木の密度が高く、かつ巣が多くある調査地の上部（北部）では、強風の影響がほとんどなかった。巣が十分にあれば、これだけ小さな行動圏でも一年中、その中で生活できることを証明する。

なわばりをもたないオス

オスの行動圏はメスよりはるかに大きく、オス同士の行動圏は非常に大きく重なりあう（図5-3）。オス成獣でも、図の上部は密度が高く、行動圏も小さい。周辺部の小さい行動圏は、これらの個体の行動圏の大部分が調査地の外にあると思われる。これら周辺部の小さな行動圏を除いて、行動圏の面積を測定したところ、オス成獣は平均二・一haであり、メス成獣の平均一・一haの約二倍であった。この差は統計的に有意であった。オス成獣は広い行動圏をもつから、調査地の外へも出かける個体も多いだろう。調査範囲に行動圏全体が含まれているオス成獣の頭数は多くなく、平均二・一haよりも実際はさらに広いと考えられる。

行動圏はお互い大きく重複しあうから、オス成獣同士の出会いは一年中頻繁に起こる。しかし、友好的な出会いはまったくない。オス同士が出会うと、交尾期でも非交尾期でも、争いや追いかけをする。非交尾期では、同じ木で出会うと争うものの、その場で争いが終わる。つまり、相手が逃げ出すと、それ以上の深追いはしない。近くの木にいても追跡するほどの熱心さはない。こうした非交尾期のオス同士の行動から、オス成獣はなわばり制をもたないことがわかった。

オス同士が出会えば、いざこざが起き、その場での二個体間での優劣が明らかになる。とくに交尾期のオス成獣同士の争いは、非交尾期の争いとはレベルが違う激しさである。争いはときには激しく、数本の木を滑空して他のオスを追う。そのときに、どちらかが地団駄を踏む音が聞こえることがある。攻撃する高順位の個体が、弱い個体の逃げた先の木の上方に到着したときに、弱い個体は地上へ滑空して、別の木へ地上を走る。

◉移動ルートを決める要素

行動圏内の移動ルートを決める三要素として、巣と食物と滑空用の木をあげたが、オス成獣ではメスの巣と活動中のメスに接近するルートが第四の要素に加わる。とくに、交尾期にオス成獣は行動圏を拡大するか、活動が活発になるので、私が今まで識別していなかった見知らぬオス成獣があちこちのメスの行動圏内に顔を出す。

オスは近くのメスが発情しそうになると、そのメスの住む方向に範囲を広げ、別のメスが発情しそうになると、そちらの方向へ範囲を広げる。あるメスが交尾日を迎えるまで毎日、メスの行動圏を訪れるから、オスの行動圏にそのメスが含まれることが掌握できる。非交尾期でも、交尾期に訪れるすべてのメスへ訪問しているのだろうが、訪問頻度が低いため、各オスの行動圏全体を短期間で把握するのは困難である。

◉オスの行動圏

オスはなわばりをもたず、メスより広い範囲を飛び回る。オス成獣の行動圏とメスのなわばりは完全に重複していて、一頭のオス成獣の行動圏は一〜六頭のメス成獣の行動圏をカバーしている。なわばりをもたないから、食物量とか巣の数とか、なわばりという制限された土地にとらわれずに活動できる。

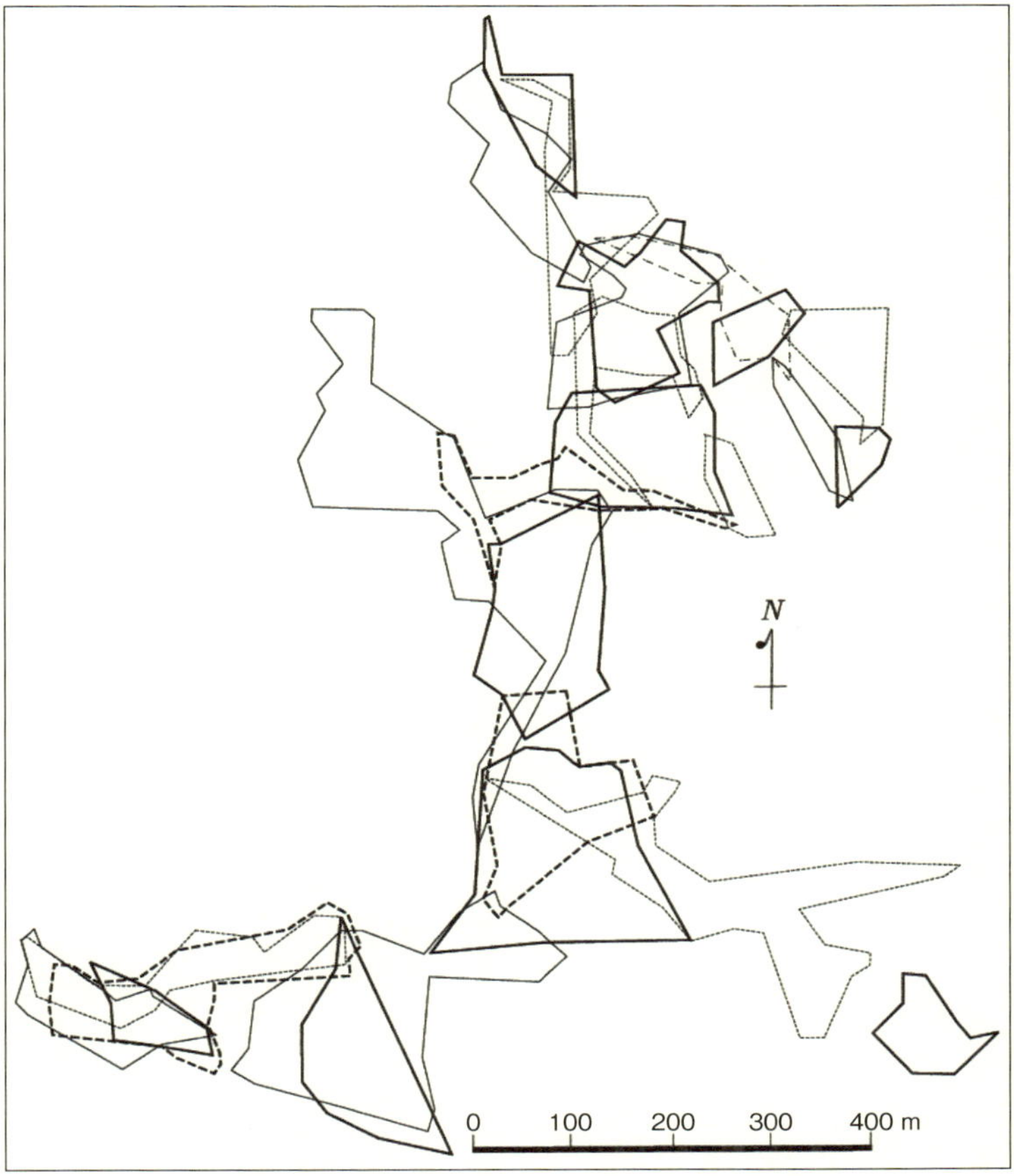

図5-3　オス成獣の行動圏。
メスよりはるかに大きく、オス同士の行動圏は大きく重なりあう。個々の行動圏をさまざまな線で描く。図5-2と同じ観察期間。

さらに、図5-2の北側（上部）のメス成獣の高密度地域では、オス成獣も行動圏が小さく生息密度が高い。高密度地域の行動圏は他の地域の行動圏の二分の一（メス）、三分の二（オス）の広さしかない。図上部のオス成獣の空間構造は、メス成獣と同様の傾向をもつということは、メス成獣の空間構造に対応して、オス成獣が対応していると考えるべきである。両性が異なった空間構造をもつのに、メス成獣：オス成獣は三一頭：三四頭（一九七八年一二月）で、同数に近い。オス成獣とメス成獣の合計は六五頭であり、六五haの調査地の生息密度は一頭／haである。

オス成獣の頭数はなぜメス成獣と同数に近いのであろうか。オス成獣の行動圏は重なりあいながらも、少しずつずれている。それぞれのメス成獣に最も重複するオス成獣が一頭いて、そのオスが交尾日に最初に交尾するオスになる（第6章）。そのオスが優位に振る舞える範囲は、メス成獣のなわばり範囲に近いと考えると、性比が一：一・一になるのが納得できる。

◉なわばり内ではメスが絶対的優位

メスは自分のなわばり内にある巣の絶対的な優先使用権がある（第4章）。メスが帰巣した後、オスはメスの巣に入ることは許されず、入り口から顔を出したメスに尾を振って去る。発情近いメスでさえ、オスが巣の中に入ることを許さない。一方、すでにオスが入っている巣にメスが来たときは、オスは急いで巣を明け渡して別の巣へ移る。オスの接近でメスの方が逃げ出す例は、前発情と交尾日にだけ観察される。

オス成獣は、たいがい特定のメス成獣のなわばり内にある巣を使う。したがって、オス成獣の行動圏はそのメス成獣の行動圏をほぼ完全にカバーし、重複率も高い。これらのオス成獣は各メスの交尾日には、最初に交尾する「第一交尾オス」になることが多い。他のオス成獣よりも優位になる範囲であるから、交尾相手が複数なのでペアとはいえないが、オス成獣はそのメスに他のメスとは違う関心をもっているのだろうか。

オス成獣は近くにメスがいるとわかれば、必ずメスに接近する。交尾期はもちろんのこと、非交尾期でも同じである。オスはメスのいる木かその近くの木へ滑空してくる。オスは幹をゆっくり登りながら、またはメスの近くの枝で、尾をくねくねと左右に振る。尾が木に当たって、パタン、パタンと音を出す。ちなみに、尾をくねくね振る行動は、メスに気づいたオスだけであるから、尾を振る行動があれば、個体識別する前でも異性間の出会いとわかる。

このとき、オス成獣は後足で地団駄を踏むことも多い。交尾騒動のときにメス成獣の巣穴入り口を防衛するときも、防衛するオスが地団駄を踏む。求愛したくても接近できないオスが心理的にジレンマに陥った行動と思われる。オスが一～二m以内まで接近すると、メスは短く突進してオスを追い払う。オスはすばやく空へ身を投げ、「ヴィーッ」と弱く鳴きながら滑空して去る。オスがメスに接近するこの行動型は、一年中決まっている。ただし、睾丸の縮小期には尾の振りが熱心ではないように思える。

メス成獣はどのオス成獣に対しても、自分のなわばり内のどこででも強い。メスがある木で食べているると、オスはその木の近くに行っても同じ木で採食しない。その逆に、オスが採食中の木にメスが来ると、オスはあわてたように急いで去る。去らないときは、メス成獣がさっとオス成獣に近づき、オスが下の枝に逃げたりする。メス成獣が近づくと、オス成獣は食べかけのマツの実を口にくわえて去ることもある。このように、メスはどのオス成獣に対しても優位である。メス成獣がオス成獣に対して地団駄を踏むのは見たことがない。メスのなわばり制とは、異性に対しては自分の土地を利用することを許すが、なわばり内ではメスがオスに対して絶対的優位で秩序が維持されている。

第6章　交尾をめぐるオスの争い

太陽がまだ西の端であかね色を放つ明るい空に、ムササビが滑空するのを見た。木の幹を急いで登り、また空中に身を投げる。黒い座ぶとんが薄暮の森の中を横切っていった。カラスに襲われないためだろう、梢ではなく中ほどの高さから飛び出した。いつもの滑空コースなので、梢から飛び出せば目標の木まで届く距離であるが、その木の手前で地上に不時着し、ピョンピョンとその木まで跳ねていった。

このオスのムササビは大木のスギの樹洞に首を突っこんだ後、わきの枝で「グルル、グルル」と力強く鳴いた。まもなく別の方角から来たオスと、樹洞の入り口で激しいけんかが起こり、二頭はからまりながら地上に叩きつけられた。

この樹洞を巣とするメスはまもなく交尾日を迎える。そのことを知っているオスたちは、明るいうちからメスの巣がある木に来て、巣穴を防衛しようと争っているのだ。

交尾騒動

発情の兆しは、メスの外部生殖器がふくらみ、充血してくることである。最も初期の変化は、正常のサイズでピンク色に変化するか、形が細長く伸びて鍵穴のようになる。地上から見上げると、外部生殖器の状態がはっきりと確認できる。これは樹上棲の哺乳類を観察する大きな利点である。

メスの外部生殖器がわずかにふくらみ始めた頃、すでに数頭のオスは発情の気配を知り、メスのなわばりを訪れている。オスはほとんど鳴かず、メスの通った枝や幹を熱心にかぎ回る。メスはふくらんだ外部生殖器を少し突き出して、判をつくように、少量の尿のような液体をぽちぽちと木につけて回る。この液体をつけた場所と尿で濡れた幹は、メス自身より魅力があり、オスは熱心に「においかぎ」をする（口絵⑱）。メスはオスを置き去りにして、さっさと先に進んでいく。約一haのメスのなわばり内で、オスはメスの行き先を知っているらしく、いつのまにかメスに追いついている。我が家で保護していたムササビも、外部生殖器が腫れてくると、後足を広げて腰を低くして、がに股で歩く。外部生殖器から出てくる透き通った液体を、部屋の畳にこすりつけて動き回る。

◉交尾日一週間前

交尾日の一週間前になると、夕方早くから数頭のオスたちがメスの巣のまわりに集まってくる。オスは活動的で、「グルル……」とよく鳴く。日暮れてまもなく、オスたちはメスのなわばりに来て争うが、三〇分程度で終わってしまう。この前発情の段階から、発情日（交尾日）を含めたオス同士の争いを交尾騒動と名づけた。メスの外部生殖器はしだいにふくらみ、充血して桃色になり、形と大きさが五円玉みたいな形になる（口絵⑬）。ふくらむにつれて、オスの争いも毎夕、激しさを増す。

交尾の数日前、太陽が西の山なみに隠れる前から、オスは巣穴から顔を出して「ブブブ……」と弱く鳴く。決心したように、オスは直接巣穴の入り口から空間に身を投げた。滑空した先の木には樹洞があり、その入り口をのぞきこんで、尾をくねくねと振った。樹洞内にメスがいることを確認すると、入り口近くの枝にとまり、「グルル、グルルル」と強く鳴き始めた。今夕からメスの巣穴の防衛を始めたのだ。あちこちの木の梢で「グルル、グルル」と鳴くオスの数は増えてきた。多いときは八頭が集まってきた。

オスの出巣時刻は日ごとに早まる。明るいうちからメスの巣に来たオスは、薄暗くなるまで巣穴近くの茂みにひそむ（口絵⑧⑯）。夕刻に集合するカラスに見つかると攻撃されるからだ。これまでのオス同士の争いで決まった最も強いオス（優位オス）が、メスの巣穴を防衛する。巣穴近くの枝でライバルの挑戦を待ち受けながら、メスが出てくるのを待つ。この優位オスが鳴くと、弱いオスたちは巣のまわりにある木の梢で鳴き返す。弱いオスが「グルル、グルルル」と鳴くと、巣を防衛しているオスは、「ゼィ、ゼィ、ゼィ」と鳴き返す。弱いオスたちは各自の行動範囲の中心部分よりの木を選んで一本ずつ陣取る。梢にいるから、メスの巣の木まではひと飛びである。

ライバルがメスの巣の木へ滑空し、幹の下から登ってくると、優位オスは猛然と上からライバルを襲

写真6-1　メスの営巣木の周囲で、巣穴防衛をめぐってオス同士で争う。２頭のオスが飛膜を広げて落ちる。その争いを、メスが巣から見ている。

う。オス同士の争いで後足を負傷して、血を流しながら足を引きずっても、争い続ける個体もいた。垂直の幹で激しく追いかけるから、ときには二頭がからまりながら足を滑らす。その瞬間に二頭とも飛膜を広げて地上に落ちると、飛膜にあおられて落ち葉が浮き、土ぼこりが舞う。

交尾騒動のとき、墜落死と思われる個体や、地上に落下したところをネコに襲われたり、有刺鉄線に飛膜がからまったりして、命を落とした例がある（オス各一例）。ネコにひと噛みされたとき、急いでネコを追い払って家に持ち帰ったが、大きなオスが耳から血を流して、二晩苦しんで死んだ。懐中電灯に反射する眼球は、内部に見えるいくつかの斑点が回り続けていた。きっと視界がぐるぐる回っていたのであろう。死ぬまでにはいかな

写真6-2　メス（右端）は滑空して幹に着くと、急いで枝先へ行って幹の方向へ向き返る。オス（中央）は仕方なく枝の付け根でガードする。幹に着いたライバルのオス（左端）を追い払うにも、枝の付け根は絶好の位置である。

くとも、しばしば傷ついた場所から血が流れ、耳が裂ける。まさに生命を賭けて交尾をめざす。

幹をぐるぐる回り、空中に逃げ出したライバルを、巣穴を防衛するオスは追飛する。ライバルを別の木で追い払った後、オスは急いで梢まで登って滑空して巣の木へ戻る。まず巣穴をのぞきこみメスがいるのを確かめてから、巣穴近くの枝で「キュルル、キュルル」と高く強い声で鳴き続ける。

オス同士が巣穴の周囲で争っていると、メスは巣穴から顔を出して争いを見ていることがある（**写真6-1、口絵⑩**）。一年中、オスより強いメスは、交尾日でさえもオスが巣の中へ入るのを決して許さない。前発情の期間は、メスの出巣がいつもの出巣時刻より遅いから、オスたちが闘う時間は十分ある。オスをじらすか、たっぷりけんかさせて最強のオスに巣穴を防衛させるのかと思うほどである。

写真6-3　メスが滑空すると、ほぼ同時にオスが追う。

メスが巣を出ると、すかさずオスたちが追う。メスは滑空して幹に着くと、急いで枝先へ行って幹の方向へ向き返る（**写真6-2**）。これではオスがメスの背後に回りこめないし、マウントするにも足場がない。それでもオスが枝先のメスのそばまで接近すると、メスは「グウーッ」と声をあげる。さらに近づくと、メスは手でひっかくと同時に飛びかかって噛もうとする。オスは数回メスに接近してから、しぶしぶといったふうにメスのいる枝の付け根で待機する。メスは梢から飛ぶには枝の付け根を通過して幹に戻らなければならないし、追いかけてきたライバルは幹に着いて下から登ってくるので、防衛するオス成獣にとって枝の付け根は一石二鳥の好位置である。

メスは枝の付け根にいるオスのそばをすり抜け、またはオスを避けてすぐ上の枝にジャンプしてから、急いで幹を登り、滑空する。メスも追うオスも、チャカ、チャカと爪音をたてて、ものすごい速度で幹を登り、ほぼ同時に二頭が連なるように同じ方向へ滑空する（写真6-3）。メスは次の木でも枝先へ行って動かずにいるので、やがてオスたちはあきらめて、各自いつもの行動範囲に戻って採食を始める。

明け方近くに再び騒動が起こる。メスが帰巣した樹洞の入り口で熱心に尾を振るオスがいる。すでに明るくなったのに、しきりと尾を振ってねばる。オスたちはいつも使う巣へ戻らない。白み始める直前に、メスの巣に一番近い巣の近くでオスたちが入ろうと争う。その巣からは、一番早く、安全に、一、二回の滑空でメスの巣に達する。メスの巣に最も近い巣には、結局強いオスが入る。ときにはメスの巣に近い、普通は使わない木の割れ目に入りにくそうにもぐったり、ツタのからまった茂みや、巣のあるスギの茂みにひそんだまま昼間を過ごすオスもいる。この巣穴争いと、メスの巣からオスの宿泊場所までの距離により、オス同士の順位関係をはっきりと把握できる。

交尾日の夜

夜ごとにオスたちの興奮は高まっていき、一夜限りの発情（交尾日）でピークを迎える。メスの巣穴を防衛する優位オスだけが「キュルル、キュル、キュルル」と、興奮した声をあげる。その声に反応して、まわりの木々の梢に陣取るライバルのオスたちが「グルル、グルルル」と鳴き続ける。

メスは交尾日だけ早くに巣を出る。昨日まであれほどオスの接近を嫌がっていたメスがあっさりと、巣穴の近くか、次に飛んだ先の幹で垂直の姿勢で交尾する。オスはメスの太ももに両手をかけて、体を

写真6-4　交尾中の２頭。オスはメスの太ももに両手をかけてマウントする。

そらして水平近い仰向けの姿勢でマウントする（**写真6-4**）。メスの尾と後足の間にある飛膜（腿間膜）の下から、ペニスを外部生殖器へ挿入する。すばやくスラストをして、三〇秒から一分間ほどで終わる。メスの飛膜のヘリはオスのスラストで濡れるので、交尾した証拠になる（**口絵⑬**）。

交尾中、メスは両手の爪で垂直の幹にしがみつく。メスの太ももにかけたオスの両手に仰向けになったオスの全体重がかかるし、そのうえ、下からのスラストの突き上げで、メスの後足が浮くこともある。そうなると、二頭分の二kgを超える重さを、メスは両手の爪だけで支えなければならない。ときどき重さに耐えきれずに、メスは幹からはがれ落ちて、二頭が地上に落下する。下から登ってきたライバルのオスに、交尾中のオスが背後から襲われて、交尾が中断されることもある。

メスの巣が建造物の内部にある場合は、オスも内部で休息できるスペースがあるので、交尾日の前日にはオスも同じ建造物に入っている。交尾騒動は、建造物の中で起こり、鳴き声や争う音が外へ聞こえてくる。しばらくたって、メスと複数のオスが屋根の上に躍り出てくる。

◉交尾木

メスが滑空して逃げた先にオスが追いついて、幹で交尾する。交尾した木を交尾木と名づけた。同じメスが別の交尾期でも、同じ交尾木を交尾に使うことが多い。交尾木は、直立した木で幹が露出している。同じオスと数回繰り返し交尾するときは、交尾木で交尾した後、近くの木へ滑空し、同じ交尾木へ一回の滑空で戻り、交尾する。その後、再びすぐ滑空して同じ交尾木へ戻り、交尾した。メスは一haの小さいなわばりの中で、どの木から滑空すれば、どの木に到着するかを熟知しているから、接近してきたオスと交尾するなら、この木で交尾すると決めているのであろう。

交尾を許すときは、滑空先の幹にしがみついたままの姿勢でいて、後から来るオスを待つ。その木で交尾する気持ちがないときは、前発情のときと同じように、メスは枝先へ行く。追いかけてきたオスは、メスのいる枝の付け根で待つ。オスがメスにせまると、メスは交尾日だけは「クウ、クウ」と柔らかい弱い声をあげる。

◉交尾の順番

最初に交尾したのは、ここ数日間メスの巣を防衛してきた優位オスである。この第一交尾オスは、非交尾期には行動圏がこのメスのなわばりと最も重複したオスで、メスのなわばり内にある巣の一つで日中を過ごすことが多かった。第一交尾オスが一回交尾すると、メスは交尾した幹の近くの枝先へ行き、三〇分〜一時間は動かないでいる。交尾したオスはメスのそばか、交尾した木の梢で「キュルル、キュル、キュルル」と、興奮した声をあげ続ける。他のオスがこの鳴き声に反応して、「ゼィゼィ」とか、「ガーガーガー」という声で応える。

交尾日のメスは非常に活発に滑空する。第一交尾オスが一回交尾した後に、しばらくじっとしていたメスが、そのオスを振りきるようにすばやく移動して、なわばり周辺部へいく。そこは隣接メスのなわばりを中心に動く別のオスが、第一交尾オスより強くなる範囲であり、もし第一交尾オスが追いかけてきても第二オスが撃退し、第二オスが交尾する。その付近では、第一交尾オスと第二交尾オスとの優劣関係は、非交尾期の順位関係だけでなく、交尾をすませたオスと未交尾のオスの勢いの違いも影響する。さらにメスは移動して第三のオスと交尾する。そのオスと数回交尾すると、メスは枝先で三〇分から一時間は動かずにいる。ときには、手が届くような低い枝で静かにしていることがある。

第三交尾オスはメスのそばにいて、「キュルル、キュルル」と興奮して鳴き続ける。しだいに声が弱くなり、声の間隔が広がる。例えば、最初は六〇秒で四一回の「キュルル」を数えたが、五〇分後には六〇秒で一三回に減ってきた。一時間もたつ頃には黙ってしまう。そうなってから、メスがさっと移動すると、交尾オスは追ってこない。まだ交尾していないオスが、「グルル、グルル」と遠くで鳴いていれば、メスは繰り返し滑空してそのオスをめざす。鳴き続けているオスには交尾を許すから、第三交尾オスとはもう交尾したくなかったのだ。こうやって、メスは鳴き続けたオス全員と、次々と交尾して、普通は四時間以内に交尾騒動が終了する。

写真6–5　交尾騒動の近くにいるのに、争いに参加しないオスがいる。性成熟した若オスか、遠くから来たオス成獣である。このオスは低い位置にいて、騒動を見上げているだけである。顔もなんとなく自信なさそう。

◉鳴き声

「キュルル」と「グルル」の鳴き声の違いは重要である。「キュルル」は「グルル」より興奮の度合いが強い。夕方、メスの出巣前に、巣の入り口で「キュルル」と鳴くのは、巣穴を防衛する一頭のオスだけである。メスが出巣してからは、交尾を終えた直後のオスと、今メスを防衛中のオスだけがこの鳴き声を発する。まだ交尾していないオスは「グルル」と鳴く。

早くに交尾を終えたオスから、次々とメスのなわばりを去っていく。交尾後も鳴き続けていると、再びメスが飛来して交尾できることもある。「グルル」と長い間鳴いていたが、メスが来なかったため、交尾せずに去るオスもいる。

交尾騒動の最中に、低い枝で静かに動かないでいるオスが一、二頭いる。このオスは騒動を見上げているだけである（**写真6–5**）。このオスは遠くから来た個体か、初めて睾丸が発達してきた若オスで、オスの闘いに参加せずに見物している。メスが偶然近くに来ても、ライバルの攻撃を恐れてか、メスから逃げ出すほどである。

最後に交尾するオスは、もうライバルがいないので、繰り返し交尾することが多い。第一交尾オスはメスのなわばりからすでに去っているのが普通であるが、なわばり内にいても食べるのに熱心で、このオスを追い払わない。だから最後に交尾するオスは、メスのなわばりのどこでも交尾できる。メスも同じオスと繰り返し交尾することを許す。

◉交尾騒動の終わり方

交尾騒動の終わり方は、メスによって違う。最後に交尾したオスが交尾をあきらめてメスのそばを去るまで、枝先で動かずにいる拒否型と、メスの追飛をやめたオスを逆にメスが追う誘惑型がいる。拒否型の行動は、これ以上交尾を許さないときにメスが示す一般的な行動である。

誘惑型のメスは、最後のオスが繰り返し交尾して、もうメスに追飛しなくなると、メスが「グイーッ」と鳴く。交尾騒動の最中にメスを見失って、オスが追ってこない場合にも、メスがこの鳴き声を出す。母が子を呼ぶときにも使う鳴き声である。この鳴き声でオスが引き寄せられると、じらすように飛ぶ。しかしオスが来ないと、メスはオスのそばへ戻る。これでオスが元気になり交尾するが、交尾が終わると辟易したように去る。オスは疲れて空腹なのだろう、赤く熟したカキにかぶりつく（**口絵⑤**）。

交尾を終えて独りになったメスは熱心に体をなめたり、外部生殖器とその周辺を毛づくろいしたりして、精液で濡れた部分をきれいにする。オスが去った静寂な森で、「グイーッ」と数時間鳴き続けてオスを呼び続けるメスもいる。

◉交尾日のメスの外部生殖器

メスの外部生殖器は交尾日に最も発達し、張りがあり、充血して桃色が鮮やかである（口絵⑬）。我が家で飼育していたムチャビが発情した日、外部生殖器は完全な五円玉になり、サイズは前後一八㎜、左右一五㎜であった。しかし、翌夕までには、縮小し、色がわずかに褪せる。もっとも、縮小と退色の進行は個体によって違う。

交尾日の翌晩に訪れると、辺り一帯は静かで、昨日の騒ぎがまるで幻想であったかのようである。オスたちは次に発情するメスを探しに出かけ、この付近にはいない。交尾翌日に、メスの外部生殖器から赤黒い粘液状の物質が出る。この現象は飼育下で交尾していないメスで何度も確認している。メスは静かに食事をしながら、母となる日までを過ごす。

あるメスの交尾の歴史

メスのなわばりには、面積、地形、樹木の密度により、追跡しやすい場所と難しい場所がある。ハラグロは調査地の中央部に比較的小さななわばりをもち、樹木の密度はあまり高くないから、追跡は楽な部類に入る。落葉した冬の交尾期は見通しがよく、葉が茂る初夏の交尾期よりもはるかに追跡がやさしい。ハラグロはお腹が黒いので、集まったオスとも見分けやすい。

◉一九八四年冬の観察

ハラグロをうまく追跡できた交尾日があった（一九八四年一二月二七日）。その日は五頭のオスと七回交尾した。図6–1には、交尾地点を交尾順（1〜7）に示してある。いつもの出巣時刻より早い一七時三三分に出巣すると、ハラグロの巣を防衛していたチュージロと、巣の木の幹ですぐに最初の交尾をした。チュージロとは交尾が一回だけで、その後、メスを見失ったが、最初の交尾木から一〇〇m離れた場所で、オスグレイと二回目の交尾をした。その近くでオスグレイと三回目の交尾をした後、ハラグロはオスグレイから離れて約一〇〇m移動して、なわばり右端でアカハレと四回目の交尾をした。ハラグロはなわばり上端へ一〇〇mを超える移動をして、タワーオスと五回目の交尾をした。次に、ミミキレと六回目と七回目の交尾をして、二一時八分、メスは独りになって、三時間三五分の交尾騒動が終了した。

普段使っている各オスの巣の位置を見ると、メスの巣に最も近い巣に住むチュージロが第一交尾オスになり、次いで図の左端に住むミミキレよりさらに遠くに住むオスグレイが先に交尾した（非交尾期にオスグレイはミミキレより優位であった）。メスは右側へ行き、図の右上に住むアカハレと交尾した。そして、タワーオス、次いでミミキレと、なわばり周辺部で予想通りの順番で交尾した。その後、再びアカハレの優勢な範囲に来たが、近づいたアカハレに交尾を許すことはなく、交尾騒動が終わった。

ハラグロは一回か二回交尾すると、交尾オスを振りきって遠くへ滑空し、別のオスと交尾する様子がはっきりと図から読み取れる。メスの滑空ルートは、なわばり境界に近い部分を滑空することで、それぞれのオスが優勢な範囲に入っては交尾を許す様子がわかる。

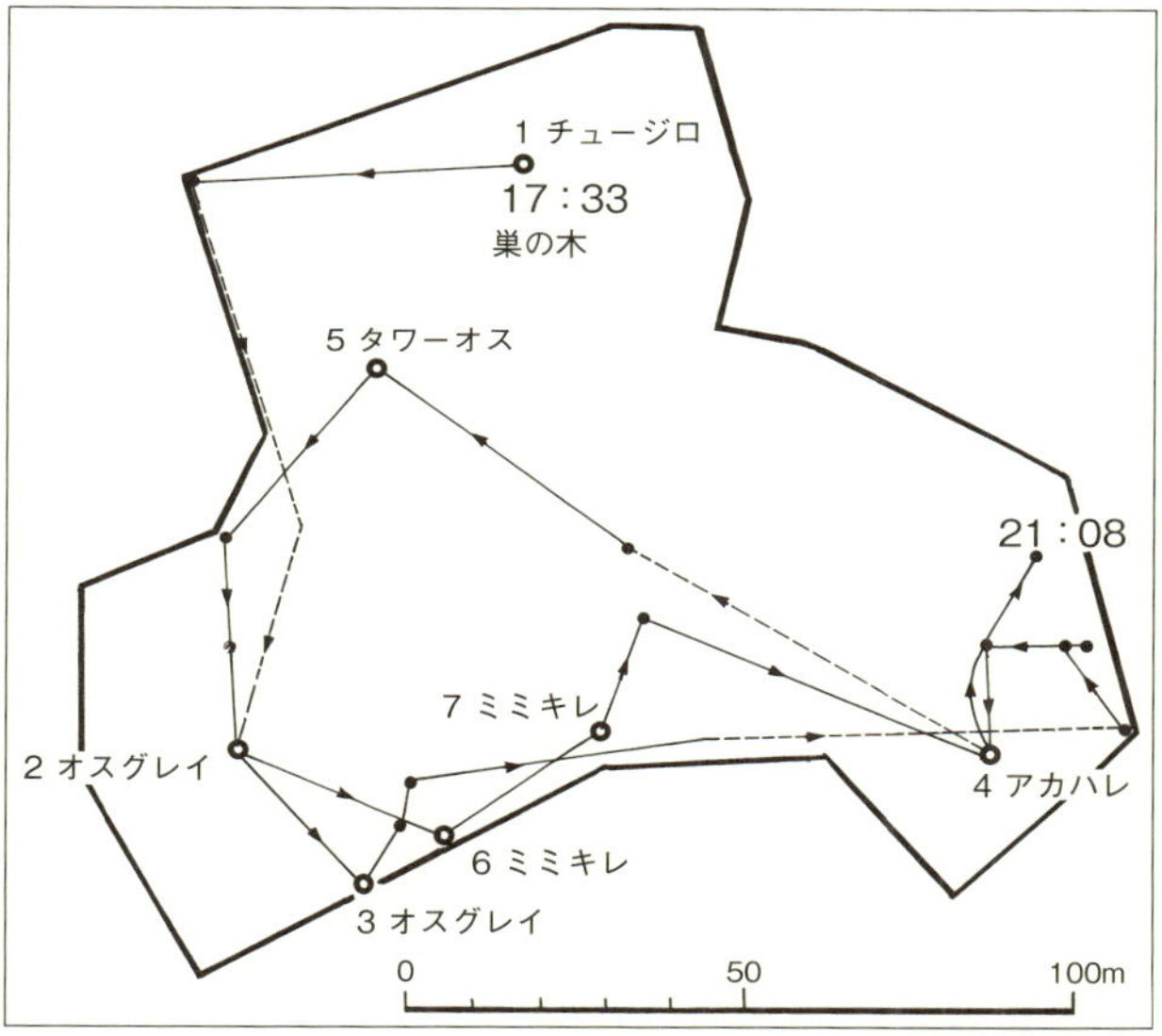

図6-1　ハラグロは交尾日（1984年12月27日）に５頭のオスと７回交尾した。丸印は交尾場所で、交尾順と交尾オスの名前を示す。実線はハラグロの移動ルートで、破線は推測される移動ルート。最初の交尾は営巣木で（17時33分）、交尾騒動は21時８分に終了。太線はハラグロのなわばり境界。

◉一九九〇年夏の観察

五年半後の一九九〇年五月二一日、九歳以上になったハラグロは、このなわばりにとどまっていた。この日の交尾では、四頭のオスと合計一三回の交尾が観察できた（**図6-2**）。一九八四年に交尾したオス五頭はすでに全員が消失していた。

一八時五〇分に出巣したハラグロは、巣を防衛していたタワー2を振りきり、なわばり下端でシロムコ（シロカカト息子一九八八年春の略称）と最初の交尾をした。それから一〇〇m離れた右端でニセチャと一回だけ交尾をした（二回目）。それから、なわばり左端へ行き、ダイジローと別々の木で四回交尾した。その後、なわばり上端へ行って、そこで初めて、ハラグロの巣を防

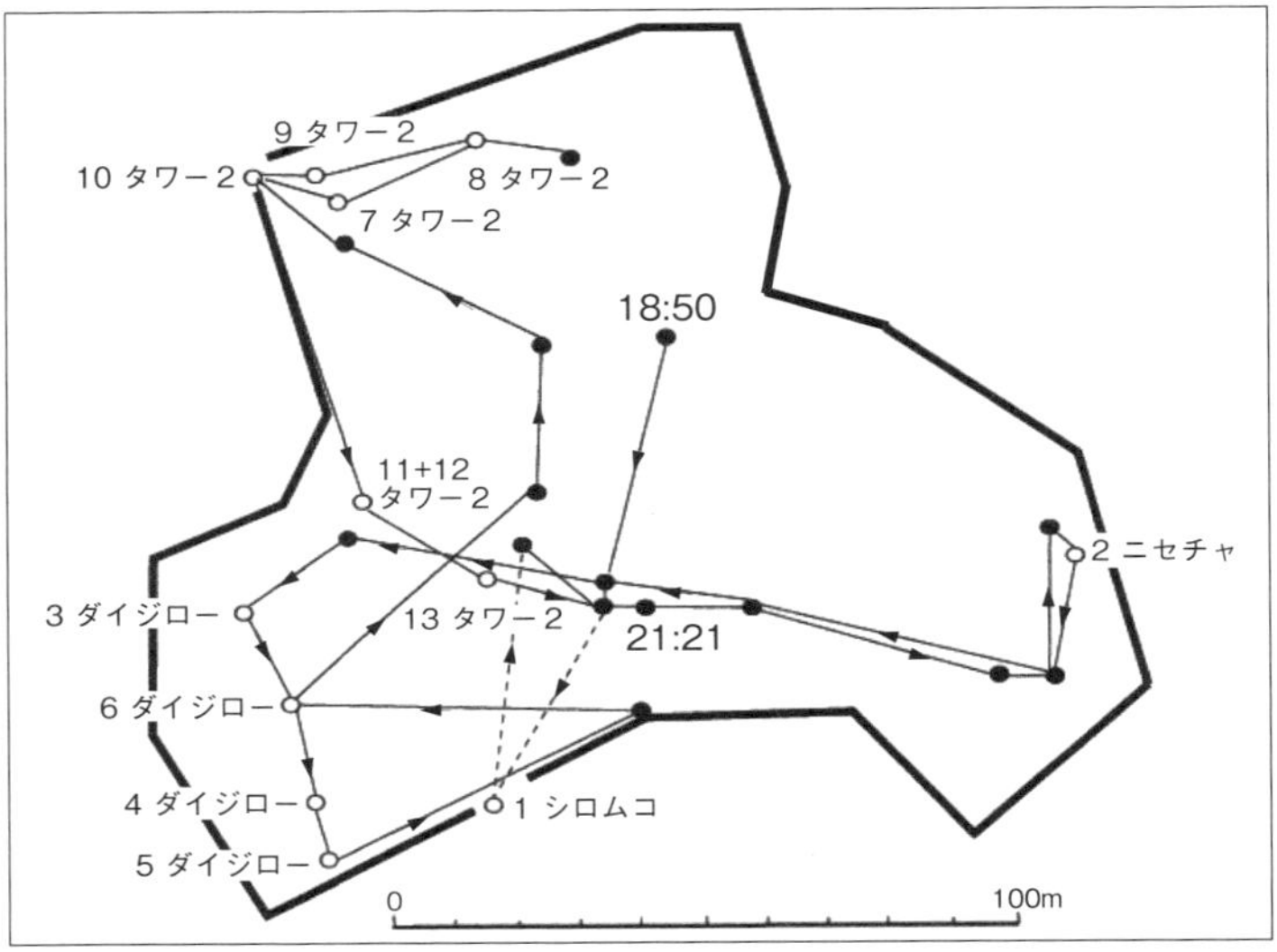

図6-2 ハラグロは5年後（1990年5月21日）オス4頭と合計13回交尾した。ハラグロは18時50分に出巣したが、巣を防衛していたタワー2を振りきり、第一交尾は別のオスと行った。タワー2は最後のオスになった。

衛していたタワー2と四回交尾をした。他のオスは去ったか鳴かなくなったため、タワー2はさらにハラグロを追っていき、なわばり中央部でさらに三回交尾をした。タワー2の交尾回数は合計七回であった。

一九九〇年に交尾したオス四頭は、一九八四年に交尾したオス五頭とは全員違っていたにもかかわらず、ハラグロのなわばり内での移動と交尾後のオスの振りきり方はまったく同じやり方であった。他のメスも、ハラグロの交尾のやり方と同じで、なわばりの端から端へと移動して、移動先で優位なオスと交尾をした。

◉ハラグロの交尾

ハラグロの交尾は八年間で一〇回の交尾日の観察ができた（**図6-3**）。ハラグロの巣を防衛したオスを、第一交尾オ

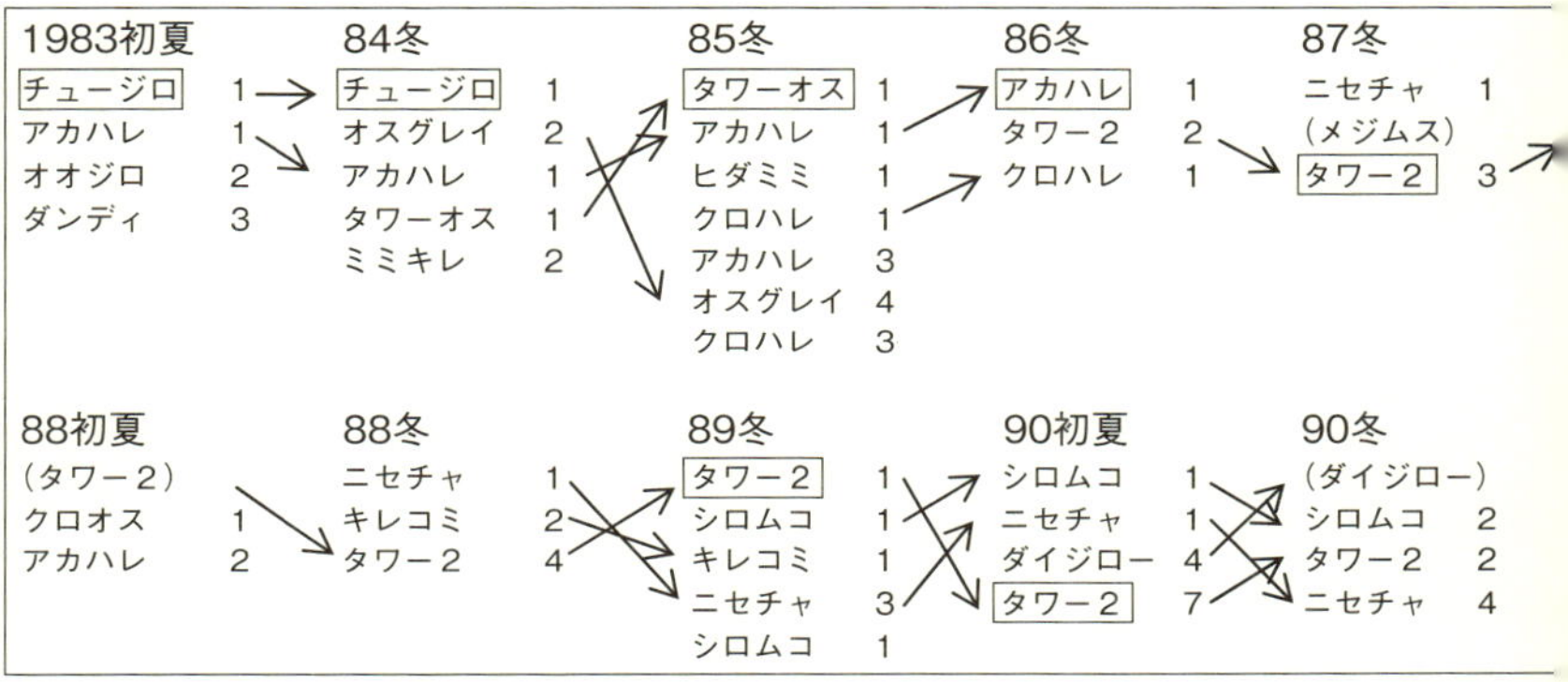

図6-3　８年間で10回、ハラグロの交尾日が観察された。
オスの交尾順は上から下へ並ぶ。メスの巣穴を防衛したオス（枠組みで囲む）は第一交尾オスになった。かっこ内のオスはおそらく交尾した。各オスの右側の数字は交尾回数。第一交尾オスは１回しか交尾しない。交尾日後半のオスは交尾回数が多い。1985年冬の交尾日では14回交尾した。

スとして受け入れたか、振りきって逃げたか、の違いが重要である。ハラグロの交尾日に巣穴防衛を確認できた七回のうち五回は、巣穴防衛のオスが最初に交尾できた。

巣穴を防衛しても第一交尾オスになれなかったのは、一九八七年冬と一九九〇年初夏であった。一九八七年冬では、交尾日の朝にハラグロが突然巣を替えたため、前日まで巣を防衛していたタワー2は第一交尾オスになれなかった。一九九〇年初夏では、巣を防衛していたタワー2から逃げて、別のオスと最初の交尾をした。タワー2は一九八六年冬から一九九〇年冬まで七回連続してハラグロの交尾に参加した。そのうち、三回は巣を防衛していたにもかかわらず、第一交尾オスになれたのは一九八九年冬だけであった。ハラグロはタワー2と第一交尾を避けているように見える。

ハラグロはそれぞれの交尾日に三〜一四回の交尾をした。交尾したオスの数は二〜七頭であった。オスの交尾順は、オスの加齢とともに上昇する傾向が見られた。

各オスの交尾回数を見ると、一〜七回が観察された。もちろん、交尾したオスの頭数と交尾回数は目撃できたものだけであって、最少頭数と最少回数である。とくに、遠くから来た個体は積極的に闘いに参加しないし、鳴き声もまったく鳴かないか頻繁ではないので、見落とした可能性がある。

奇妙なことに、せっかくメスの巣を防衛して第一交尾オスになった五頭は、交尾回数が一回だけであった。第一交尾オスになった個体は七頭いたが、一〇回の交尾期で第一交尾オスになれたのは最大二交尾期であった（チュージロとニセチャの二頭だけ）。そして、交尾日の後半にオスごとの交尾回数が多くなる傾向があった。これらの交尾日の現象については第7章で検討しよう。

オスの活躍

オスの側から交尾期の動きを見てみよう。一九八四年冬にオス成獣が、どのメスの交尾騒動に参加したか、交尾できたかを、**図6-4**に示す。交尾を目撃したか、メスの巣穴やメスのそばで防衛できたオス（実線）に注目すると、どのオスも自分の行動圏の中心部にいるメスと、その隣接メスとは防衛・交尾ができた。一方、交尾できなかったオス（破線）は、遠くのメスの交尾騒動に参加した場合で、ほとんどが交尾できなかった。メスたちが次々に交尾日を迎えると、第一交尾オスとオスの交尾順はメスごとに入れ替わった。

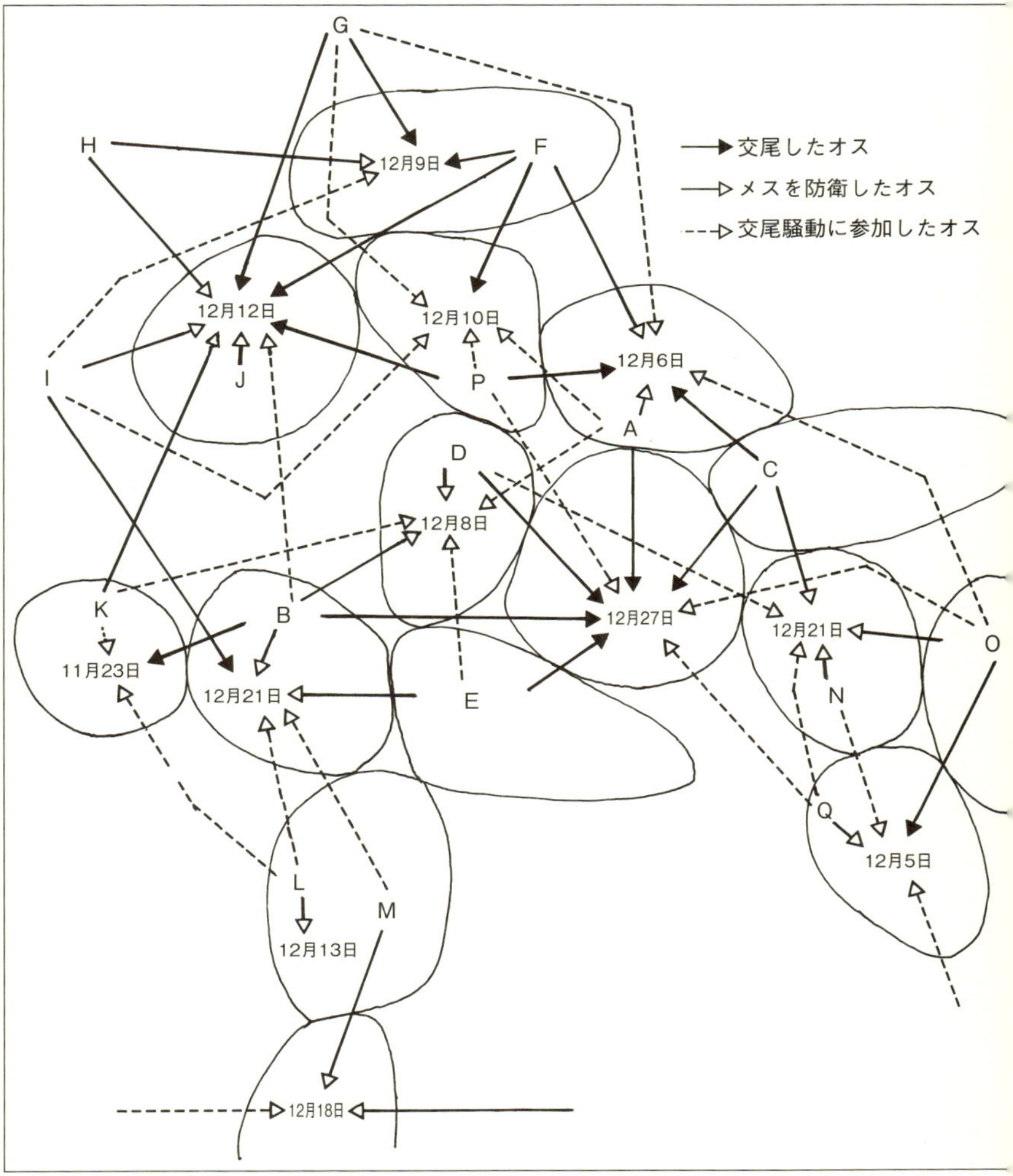

図6-4　1984年冬、メスの交尾日にオス成獣17頭（A〜Q）がどのように参加したか。メスのなわばりの位置関係を円形で示し、円形内の日付はそのメスの交尾日。

ハラグロの交尾日は一二月二七日であった。交尾した五頭のオス以外に、交尾できなかったオス三頭が参加したので、合計八頭が集まった。交尾できたオスは近くのオスで、交尾できなかったオスは隣のメスのさらに遠くから来たオスであった。

一九九〇年初夏の交尾期は、一九八四年と基本的に同じであった。各メスへは、近くに住む三〜六頭のオスが交尾騒動に参加した。各オスも、メス二〜五頭の交尾騒動に参加した。

交尾にはやや特殊な出来事があった。隣接するメス二頭の交尾日が同じ日に重なった例や、交尾翌日に近くのメスが交尾日になった例で、とくに、交尾期間が一カ月しかない初夏では、交尾日が重なる確率が高まる。

このような場合、交尾日前の騒動が二頭のメスで同時進行する。数頭のオスは交尾日前には二頭のメスの両方の交尾騒動に参加していた。しかし、交尾日はオスはどちらかのメスの交尾騒動に参加するので、二頭のメスとも参加オス数が減った。同日に交尾日が起こった例では、片方のメスで交尾をすませてから、別のメスの後半の交尾騒動へ参加したオスもいた。それぞれのオスは、どちらのメスに参加した方が交尾できるか、選択をせまられるのであろう。交尾を左右する条件である、各メスに参加するオスの頭数、参加オス同士の非交尾期の順位、オスの優位な範囲からの距離という要素から、それぞれのオスがどちらの交尾に参加するかが予測できる。

オスが一頭しか参加しない交尾日もときどきあった。その理由は、突然に交尾日を迎えたか、他のメスの騒動に参加していて、他のオスたちが気づかなかったためであろう。不思議に思ったのは、参加オスが一頭だけの場合は、オスはずっと静かにメスを追うことである。鳴けば、他のオスに気づかれてしまう。あのうるさいほどのオスの鳴き声は、他のオスがいるからこそ興奮してあげる声であった。

◉子どもが同居する母の交尾騒動

交尾騒動のときに、子どもたちが母親と同居している場合がしばしばある。交尾日の前（前発情）は、メスの出巣時刻はその季節に見られる出巣時刻より遅れるから、子どもたちが先に巣を出る。すると、メスが出巣したと間違えて、オスたちは子どもたちと交尾しようとする。オスの子どもでさえ襲われて、子どもはあわてふためく。子どもと同居していたメスが、交尾日にメスだけが別の巣へ移ったことがある。オスたちは、子どもたちが巣にいるので、母親もその巣にいると思いこんでいて、オスたちが巣の周囲で争った。もちろん、私もだまされた。この巣を防衛していたオスが第一交尾オスになれなかったのは言うまでもない。

交尾日を知る方法

発情の気配をつかむには、二つの手がかりがある。

一つはすべてのメスの外部生殖器を繰り返しチェックすることである。メスに出会うたびに、外部生殖器に形状の変化や拡大の兆しがないか、充血度はどうか、をチェックする。メス成獣を見つけると、外部生殖器のサイズを、正常サイズ、三分の一、二分の一、ほとんど五円玉、五円玉に分類し、その色、形を記録した。乳首の状態は、未発達、発達したピンク色、縮小した暗い乳首に分類し、子どもにまだ授乳しているかどうかを決定した。

もう一つは、オスの発見場所と鳴き声である。あるオスが、普段は見かけない場所に現れることがヒントになる。鳴き声がやや多い付近にも注目する。それらの場所になわばりをもつメスを見つけ、外部生殖器の状態をノートに記録する。

交尾期の日課として、日没前後のまだ明るいうちに調査地を一巡する。突然の交尾日の見逃しを防ぐためである。はっきりした騒動がなかったか（または騒動を見逃していて）、交尾日はまだと思っていたメスのなわばりで、鳴き声がうるさいので行ってみると交尾日であったことがある。交尾日であれば、明るいうちからオスたちが鳴くからである。調査地を一巡しておくと、観察中にどこかで他のメスが交尾しているのでは、という不安がおさまる。

明るいうちのチェックが終わり、調査地全体で騒動がない様子なので、調査地の中央部分にいるオスの出巣を待つ。このオスが出巣後にまっすぐ滑空していく先に、その付近で最も早く発情するメスがいる。このオスが数度滑空した先で、繰り返し鳴き声をあげるようだと、要注意である。しかし、このオスが出巣して一、二回しか鳴かないで、比較的早く食べ始めたら、近々交尾を迎えるメスがこのオスの行動範囲にはいないというサインである。

そこで、数日前に鳴き声がいくらか多かった場所を訪問したり、外部生殖器のチェックを滞っていたメスの発見に努める。観察を開始してから二時間近くがたち、辺り一帯は静けさに包まれる。この時刻に鳴き声があると、その付近のメスを近々チェックする予定を入れておく。

帰路につく時刻に、「キュルル、キュルル」と鳴き続ける個体がいる。交尾したオスが発する鳴き声と同じなので、ドキッとさせられる。鳴いた個体は前回の交尾期によって生まれ、外出を始めて数カ月以内の若い個体である。何かに驚いたのか、知らないオスがうろついたせいか、この時期に若い個体がこの鳴き声を出すことがよくある。この個体の周囲を調べるのだが、他の個体がいたことは一度もなかった。

交尾への道のり

いよいよ交尾騒動が始まった。日没のはるか前から、私はメスの巣の前で待機する。集まってきた参加オスの個体識別をして、オス同士の争いを通じて優劣を記録しながら、メスの出巣を待つ。

交尾日までのオスの交尾騒動は四段階を経る。

①オスたちがメスのなわばりに集まる。オスはメスの後をにおいかぎして、追尾する。オスはあまり鳴き声をあげない。

②オスの参加数が増え、オス同士の鳴きあいと追いかけが夕方に起こるが、短い時間で終わる。

③優位オスがメスの巣の入り口を他のオスから防衛する。

④巣を防衛するオスが「グルル」から「キュルル」に鳴き声が変わる。この段階にくると、翌日か数日以内に交尾日になる。

メスをめぐる騒動が一段落すると、その夜のうちに他に発情が間近なメスがいないか、調査地を一巡する。とくに初夏の交尾期は一カ月間しかないため、数日ごとに次々とメスが交尾日を迎える。同日に二頭のメスの交尾日が重なることもある。

メスの外部生殖器がふくれ始めてから交尾日までの日数は、個体によって違う。最も早い発情の兆しは、交尾の四二日前であった。冬の交尾期よりも初夏の交尾期の方が、早くに交尾日を迎える傾向がある。外部生殖器が五円玉状に腫れて、オスの騒動が一週間続いても交尾日を迎えないメスがいる一方、数日の騒動で交尾が終わってしまうメスもいる。したがって、二頭のメスで騒動が見られても、早く外部生殖器が腫れ始めたメスや、早くに騒動が始まったメスが先に交尾日を迎える保証はない。事実、後から始まったメスが先に交尾をすませたことがあった。だから、複数のメスで交尾騒動が始まると、私はじつに忙しくなる。二つのなわばりを行ったり来たり、走って往復する。

交尾日、メスはいつもの出巣時刻より早めに出巣して、すぐに交尾を始めるのが普通である。前発情から毎日、同じメスの出巣時刻を記録すると、前発情の段階では出巣時刻が通常より遅く、交尾日は通常より早い。早く出巣すると、今日は交尾日と思って緊張するまもなく、交尾が始まってしまう。

交尾日に雨が激しく降っていても、強風が吹いていても、一連の交尾を遂行する。しかし、なかなかメスが出巣せず、出巣したメスは集まったオスと交尾をしないので、今日は交尾日ではないだろうと思っているうちに、出巣から数時間して交尾を許し始めるときもある。この場合は、交尾騒動が終了するのが一二時を過ぎる。

出巣後から数時間たち、終電時刻近くになり、交尾日は明日だろうと帰宅した。翌日の夕方、今日こそはと意気ごんだものの、辺りはもぬけの殻のように静かであった。木の下に落ちていた交尾栓（第7章）は、深夜に交尾を許したことを証明していた。メスを発見して外部生殖器がすでに色褪せていることを確認した。発情は一日間であるが、発情開始が昼間にくれば日没後に交尾を開始し、一部のメスでは夜間の活動時間帯に発情開始がくるのかもしれない。

交尾日の追跡法

交尾日のメスとオスたちとの激しい滑空と移動に翻弄されて、参加オスの小さな個体識別ポイントを瞬時に見分けるのは非常に難しい。交尾日を迎えるまでの数日間に騒動の観察ができると、参加オスの識別ポイントに加えて、毛色や陰囊のシミを手がかりに、梢付近にいても識別できるオスもある。しかし、突然に交尾日に遭遇した場合は、参加オス全員の個体識別に基づいた各オスの交尾回数と交尾順を完璧に捉えることは不可能に近い。

交尾日、オスたちから逃げるように、メスは木から木へと飛び、滑空して着いた先の幹で交尾する。だからメスが飛ぶと、私は全力疾走で滑空先に向かう。そうでないと、交尾は目撃できない。上を見たまま走るから、つまずいて転んだことが何度もあった。

交尾日の観察で一番重要なのは、できる限りメスを追跡することである。しかし、メスはほとんど鳴かないし、オスたちがあちこちで空中戦のように飛び回り、それぞれの梢に陣取って鳴き続けるので、すぐにメスを見失ってしまう。メスを探しに、それぞれのオスが鳴いた木へ、また幹を登る爪音がする木へ、走る、走る。メスを求めて、へとへとになるまでなわばり内をかけずり回る。そんなときに、「キュルル、キュルル」の鳴き声が聞こえてくる。誰かが交尾したのだ。

メスは枝先にいて、オスは幹に近い側のメスのわきで、「キュルル、キュルル」とお腹をふるわせながら鳴き続ける。口から泡をふいて鳴くオスもいる。メスの外部生殖器には白い交尾栓がのぞいている。まずは交尾オスの個体識別。オスはたいてい梢の近くにいるので、耳の傷による識別はまず不可能である。陰嚢にできる赤茶色のシミは、遠くからでも識別できる手がかりである。

梢近くでは交尾オスが「キュルル、キュルル」と鳴いているのに、オスのそばにメスがいないことがある。すでに別のオスがメスを追いかけているかと、走り回って、再び交尾オスのところへ戻ってくると、なんとメスがオスのいる木の、手が届くような低い枝でじっとしていたりする。

オスたちが見失ったのだろう、メスが独りでいることがある。メスは自分の逃げてきた方向を振り返って、いかにもオスが来るのを待っている様子である。しばらくたって、オスが来ないと、遠くのオスの鳴き声がする方向へ向けて、「グイーッ」と繰り返し鳴く。この声もメスの存在を教えてくれる。

それでもメスが見つからないときは、なわばり周辺を見て回る。メスはなわばり周辺を主に飛び回るからである。交尾できたメスのそばで防衛しているオスは、鳴きやんでいることもある。交尾後から「キュルル、キュルル」と一時間近く鳴き続け、しだいに声が小さくなり、鳴く間隔も大きくなり、ついには黙ってしまったオスである。そうなってから、メスがオスのそばから去ると、もうオスはメスを追うこともなく、その場で動かないままでいる。メスはこのオスを振りきるタイミングを、オスの鳴き声が弱くなるまで計っているように見える。

交尾が直接目撃できればよいが、メスを見つけたときに、メスもオスも下腹部を毛づくろいしていれば、交尾がすでに終わっている。その場合、メスでは、外部生殖器に交尾栓が詰まっているかどうか、周辺が精液で濡れていないかどうかをまず確かめる。それから、他の部位に精液や交尾栓物質が付着していることもあるので、じっくり調べる。とくにオスのスラストによってメスの後足と尾の間にある飛膜（腿間膜）の左右どちらかのへりが濡れている（口絵⑬）。オスでは、射精後のペニスを両手で抱えて口でなめとる行動や、尾に栓物質が付着していることもある。これらの間接的証拠があれば、このオスと交尾したデータに含める。

翌日の明るい時刻に調査地を訪れ、地上に落ちた交尾栓を探すのも、前の晩に交尾があったかどうかの証拠になる。さらに、そのメスに子どもが生まれたことで、さかのぼって交尾があったことが証明できる。その結果、交尾日は一五三夜で観察できた。そのうち、一二五夜（八二％）は交尾行動を直接目撃し、残りの交尾日は交尾栓の確認などの間接的な証拠によって日付を決定できた。それでも、重点的に追跡してきたメス一三頭のうち、各交尾期に一ないし二頭の交尾日が突きとめられなかった。そのため、各オスについて、交尾できたメスの頭数や、交尾に参加したメスの頭数が少し減った。

第7章　交尾栓の秘密

交尾栓の発見

交尾騒動の真っ最中、メスのそばにいた優位オスがライバルのオスを追ってメスから離れた隙に、別の劣位オスがメスにせまった。劣位オスの交尾が始まったとたん、戻ってきた優位オスに追い払われ、急いで近くの枝へ飛んだ。そこで、精液を下へたらしてから、長さ一〇㎝ほどの柔らかな「うどん状のもの」を上へ勢いよく放出した。うどん状のものは落ちてきてムササビの手にかかり、それを食べてしまった。

初めて見る現象に、一瞬、理解できなかった私は、「何だ、これは」と思わずつぶやいた。この不思議な観察をきっかけに、今まで見えていなかったものが見えてきた。五円玉状に膨張したメスの外部生殖器の中央に、交尾後に白いものが詰められていることに気づいた。そのため、外部生殖器はドーナツみたいな形になっていた。この白いものは交尾栓なのか。

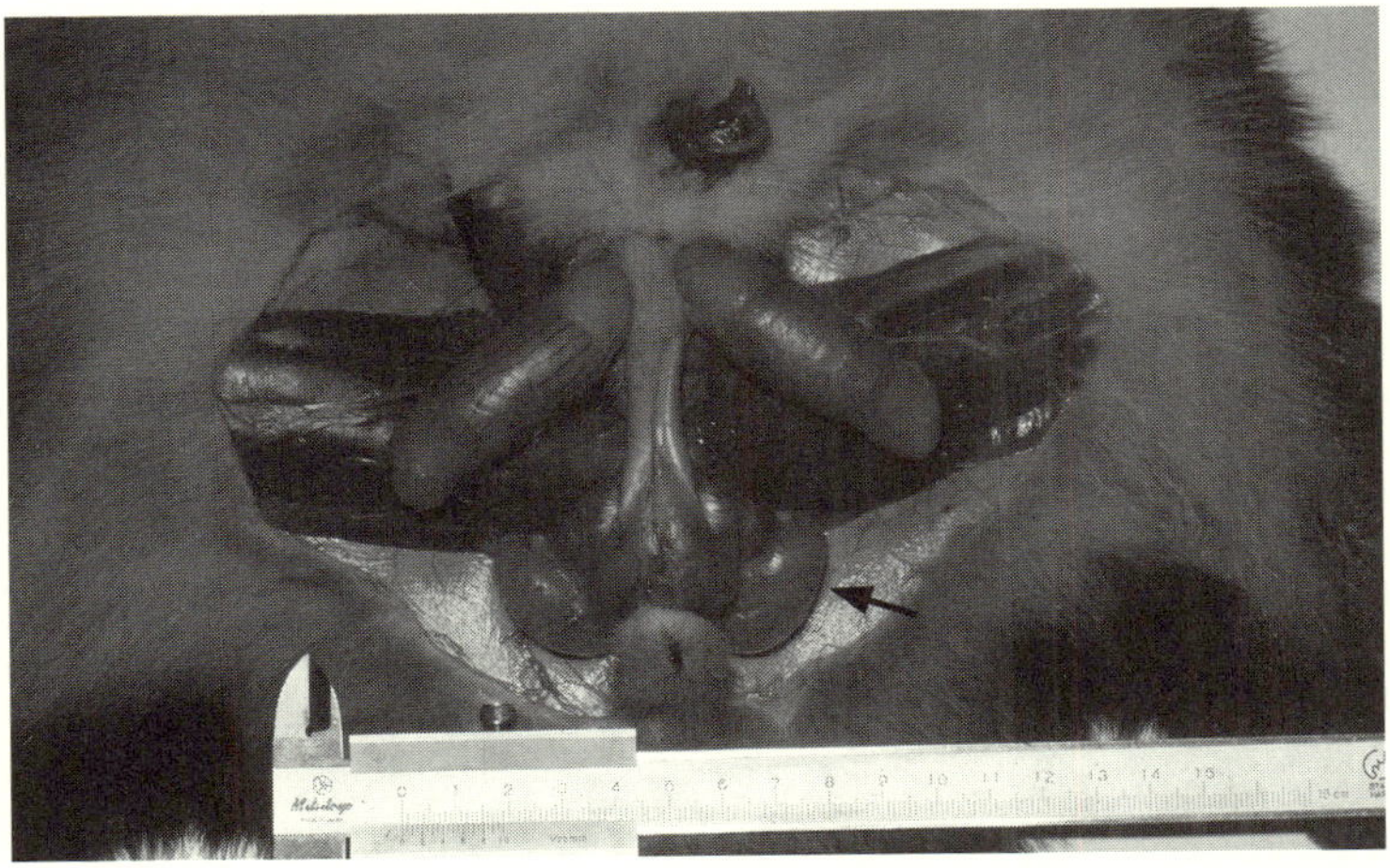

写真7-1　ペニスと肛門の間の皮膚を取り除くと、大きな睾丸が目立つ。肛門の両側にある丸い器官は、交尾栓分泌腺（矢印）。

この頃、交尾期間中に有刺鉄線に引っかかって死亡したオス一個体を回収した。冬季であったため、死体は新鮮であった。そこで、下腹部を順序よく解剖しながら、写真を撮影していくことにした。

ペニスと肛門の間の皮膚を切開すると、皮下に大きな睾丸が目立つ（**写真7-1**）。睾丸の長径は六三・五㎜あり、体の大きさに比べて睾丸は巨大である。中央にはペニスがあり、その基部にはペニスを動かす筋肉が発達している。肛門の左右には直径二九㎜と三三㎜の丸い腺が見つかった。

この腺を切開すると、半透明の白いワセリン状の物質がぎっしり詰まっており、その腺から伸びる管は輸精管と並んでペニスの根元へ入っていた。この白い物質は射精直後に噴出したうどん状のものであることは間違いない。分析を依頼したら、成分は糖と蛋白でできていた。この分泌腺はヒトや多くの哺乳類に見られるカウパー氏腺（尿道球腺）が変化したものと思われる。ただし、他の哺乳類のカウパー

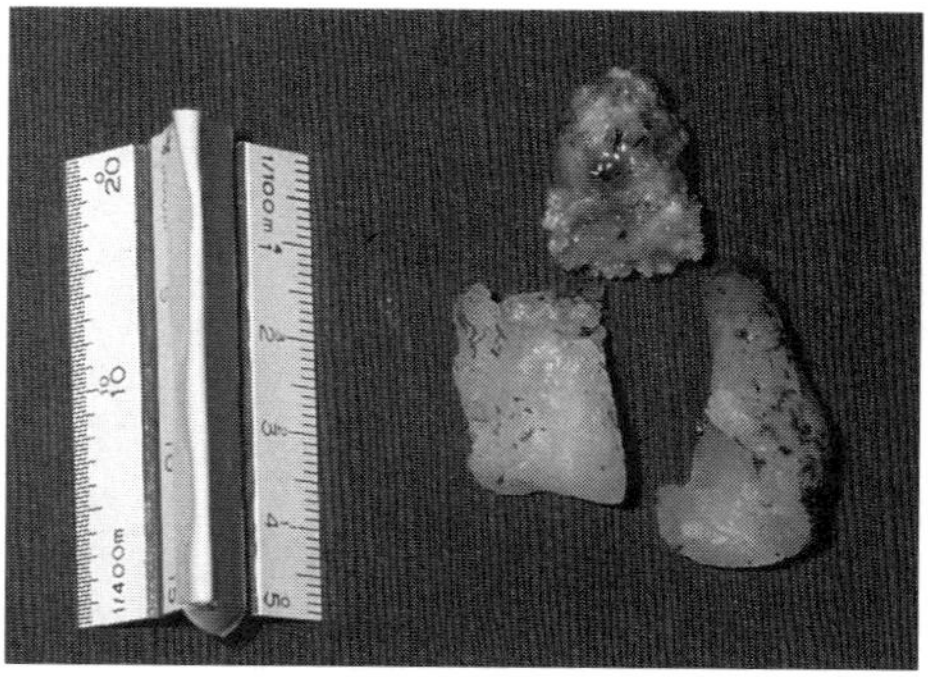

写真7-2　交尾栓は竹輪を縦に割った形をしている（下部の左右）。血液が付着している精液塊（上部）は複数の塊が合わさったように見える。

氏腺液は、射精の前に体外に出る。

この交尾栓分泌腺は外からも確認でき、肛門の左右に第二の睾丸のように大きくふくれている（**口絵①**）。年とったオスの分泌腺は大きい。交尾期には、分泌腺が最大に発達するように見える。我が家で保護していたムサシは、交尾期が終わってから、腺物質の小片を尿に混じって排泄したことが複数回あった。

交尾栓はわらび餅くらいの硬さなので、次に交尾するオスは栓が詰まっていてもペニスを挿入できる。交尾栓は第一交尾オスの交尾終了直後からでも確認できる。白い栓が膣口に見える程度から、少し外に出ている場合もある。栓が外からまったく見えない場合も多い。栓が見えなくとも、後に交尾したオスによって栓が引き出されたので、栓が膣内に形成されていたことがわかる。

オスが詰めた交尾栓は、たいてい次のオスの一回目の交尾のときに抜き出される。一回目の交尾のスラスト中にも一部が落ちることがあるが、交尾が終了してペニスを抜いた瞬間に最も大きい部分が落ちる。ペニスを抜いた瞬間に落ちた交尾栓は、枝や葉に当たりバラバラとかなり大きな音をたてる。

うまく抜き出せて、落下の衝撃で壊れなかった交尾栓は、竹輪を縦に割ったような形をしている（**写真7-2**）。栓を拾うと、まだ生暖かい。長さは三〇～三八㎜、外径が一六～二四㎜である。なぜこのような形になるかというと、膣一杯に詰められた栓の中でスラストし、最後にペニスを抜いたときに栓が落ちる。柔らかい栓がペニスと膣の隙間で変形して、このような形になる。

交尾栓は一五三交尾日のうち七三夜で見つけられた。草の茂った地面で草をかきわけて探すので、見つけられなかった栓もあっただろう。この七三夜のうち、六〇夜で交尾栓が採取できた。残りの一三夜では交尾栓が膣口に露出していたことを確認している。

交尾栓の役割を考えると、①交尾は垂直の幹で行うので、射精直後の液状の精液が逆流して流失するのを防止する。②交尾栓物質の放出により、膣内にある液状の精液を子宮まで押しやるポンプの役割を果たす。③後に交尾する他のオスの挿入または精液の授精を防げる。

①についての機能はあるだろう。②のポンプ説は交尾栓の最も重要な役割と考えている。そうだとすると、①と②が機能するには、交尾栓は次のオスが挿入できないほど硬い必要はない。むしろ、練り歯磨きを一気に絞り出すように、膣をびっしり埋めるような可塑性があった方が、液状の精液を奥へ押しこむには都合がよいだろう。③の機能があるとしても、わずかであろう。次のオスが交尾栓を抜くので、有効性は疑わしい。

精液の塊

地上に落ちた交尾栓を拾っているうちに、ときどき精液まで抜かれることがわかった。射精後に精液自体が固まる。精液塊は不透明で、やや透明性のある交尾栓とは簡単に区別できる。精液塊は交尾栓より硬く、石鹸くらいの硬さである。半透明の白い精液塊は、翌日には淡いコバルトブルーに変色する（交尾栓は変色しない）。

精液の大きな塊は（口絵⑫）、銃弾のように先端が丸みを帯びた形をしている。半球状であるから、たぶん膣の最奥部（子宮口）で狭い子宮口をふさいでいたと思われる。塊には必ず鮮血がついているので、膣壁にしっかり付着していたのであろう。

射精直後の液状の精液は、直後に送りこまれた多量の交尾栓物質によって膣の最奥部まで急速に押しやられて、狭い子宮口を越えて子宮に入るのであろう。残りの子宮口にたまった精液は固まって子宮口をふさぐと、私は想像している。子宮内で精液が固まるかどうかは不明だが、少なくとも膣内では固化する。

第一交尾オスは一回しか交尾しない。交尾直後からしばらくの時間、メスを他のオスから排除している間に、膣の最奥部で精液が固化していく。固化する最短の時間を知るには、第二交尾オスが第一交尾オスの交尾栓を引き抜くまでの時間を、できる限り集めることである（口絵⑪）。その結果、射精後、一一分後には精液はすでに固まっていた。この塊に精子が含まれるのを顕微鏡下で確認した。

なぜ第二交尾オスの交尾が重要かというと、第三交尾オスの交尾であれば、第二交尾オス以外に第一交尾オスの固化した精液まで抜かれて、固化時間の判定を間違うおそれがある。そのために、オスの交尾順を把握したうえで、第一交尾オスの交尾時刻と第二交尾オスの一回目の交尾時刻を記録して、より短い交尾間隔での精液を採取するように努めた結果、一一分という時間を得た。

精液が固化する役割を、交尾栓の役割とあわせて考えてみよう。上記の①と②は固化と矛盾はしない。とくに、②のポンプの役割は、液状の精液を固化する前に子宮口へ運び、そこで固化して子宮口をふさぎ、次のオスの精液が子宮口を通過するのを防ぐ役割を果たすと考えられる。交尾栓自体が③他のオスの精液の授精を防げる機能をもたなくても、精液の固化は十分にその役割を果たすのである。精液塊を引き抜かなければ、後で交尾したオスが父親になる確率は非常に低いと考えられる。オスは自分の精液が早く固化すれば受精に有利になるから、精液が早く固化するように進化してきた可能性がある。

栓抜きの形態

有刺鉄線で死亡したオスの尿道口から、皮下に隠れているペニスを押し出した。すると、特異な形状をした先端部分が露出してきた。ペニスは左右不相称で、きわめて異様な形をしている（**写真7-3**）。硬くて鋭い軟骨の稜が、ペニスの先端を斜めに横切っていて、ワインの栓抜きのような形である。鋭くとがった軟骨の稜で、前のオスが詰めた交尾栓をドリルのように切りこんでいくのだろう。または、軟骨の稜が交尾栓を引き抜く手がかりになるかもしれない。

軟骨の稜がペニスの先端に達するところは、鉤状の硬い軟骨になっていて、真の尿道口は先端の横に開く。このまま排尿すれば横から尿が飛び出すだろうが、排尿時にはペニス全体が皮下にあるので、下腹部に開く尿道口からの排尿に問題は生じない。交尾中は、露出したペニスからの精液と交尾栓物質の

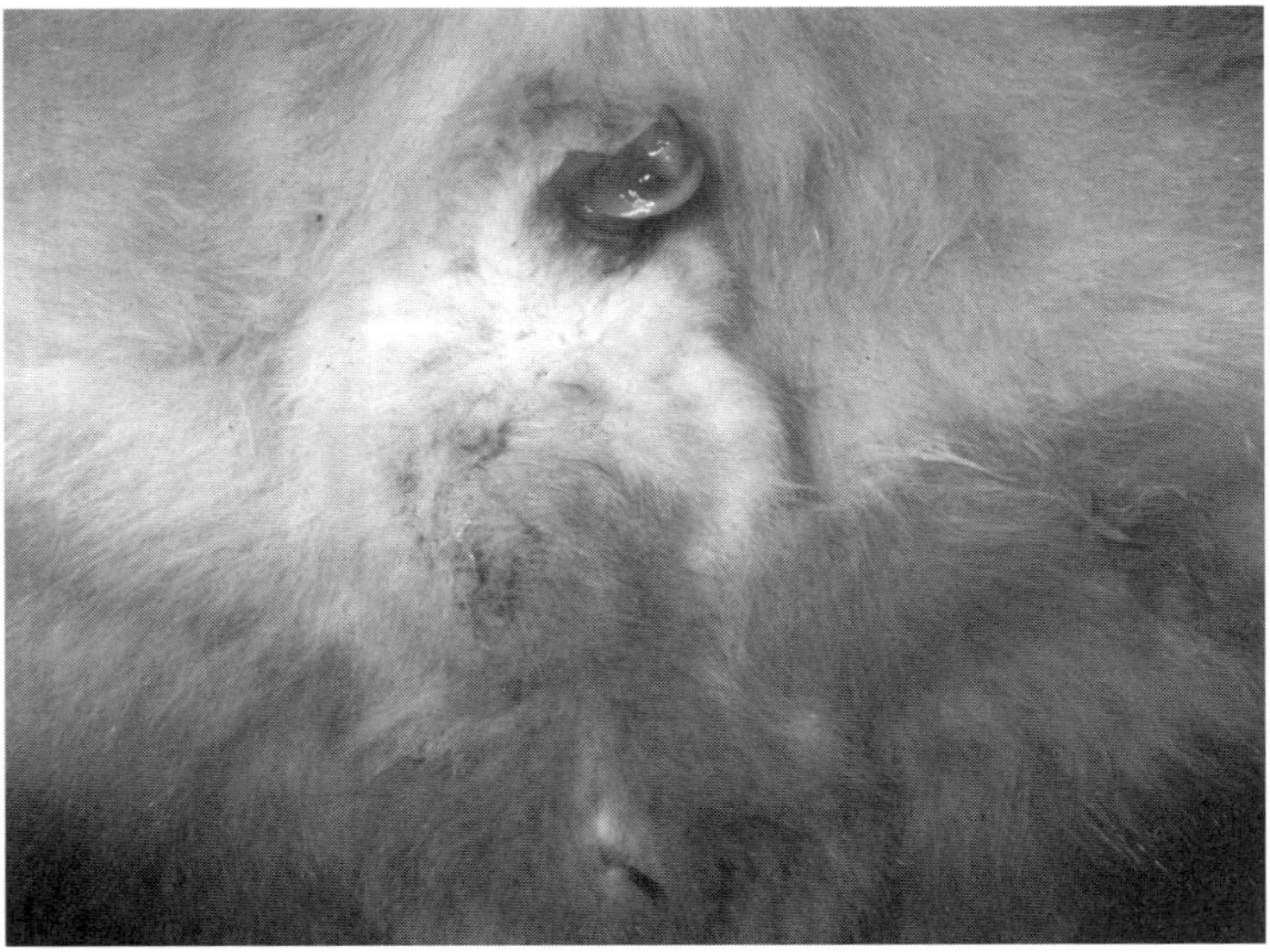

写真7–3　ペニスを尿道口から出したところ。ペニスの先端は軟骨の稜が取り巻く。その下に陰嚢と肛門が見える。

放出に問題がないのか、効率がよいのかも不明である。

先端にある鉤は、柔らかい交尾栓を抜くには小さくて役に立たず、精液の硬い塊を引っかけて抜く道具のようである。鉤は、複数のオスが交尾に参加する交尾システムが前提で、前に交尾したオスの精液塊を子宮口から抜き去り、自分の授精を有利にするために進化してきたと考えられる。

まだまだ未解決の問題がある。第一交尾オスが交尾後にペニスを抜くときに、自分の交尾栓物質は抜け落ちないようである。交尾終了時に交尾栓物質を引き抜くと、子宮口にある精液の正常な固化が妨げられるから、当然であろう。ということは、（他のオスの）交尾栓を抜く行為と、（自分の）交尾栓を抜かない行為とを使い分けられることを意味する。私が交尾のスラストを観察していて、その違いを見分けることはできなかった。

第二交尾オス以降の各オスが、一回目の交尾で前のオスの交尾栓を貫いて、自分の精液と交尾栓物質を送りこむであろう。すると、このオスが一回目の交尾後に引き抜いた交尾栓は、前のオスの交尾栓物質であろう。自分の精液は固化していないから、自分の交尾栓物質はあまり含まれていないと考えられる。しかし、第二交尾オスの二回目の交尾では、一回目の自分の交尾栓が含まれている可能性が高い。

前のオスの精液塊を抜く試みを最初に行い、その後に自分の射精・交尾栓を放出するのが効率的であろう。射精するまでのスラスト行動は、子宮口をふさぐ精液塊を鉤で引き抜こうとする行動とまったく同一の行動なのか、鉤を微妙に動かす行動が付け加わるのか、木の下で交尾を観察していてもわからない。ビデオ撮影で詳細に見れば、謎が解けるかもしれない。

第二交尾オス以降、前のオスの精液塊を抜くのが難しいために、交尾回数が多くなると推測できる。実際、各オスの交尾回数に複数回があるということは、この仮説を裏づけているように見える。しかし、各オスの交尾回数はメスが決定するし、一回しか交尾できないこともある。精液塊を抜くまでは射精しないという悠長なことはできない。そのため、一回、一回の交尾が勝負となるはずである。複数の精液塊を抜いたと思われる例（**写真7-2**）から、前のオスの精液塊を引き抜くことに失敗しても、射精することがうかがえる。

精液塊を抜いた後に放出した精子は、子宮口を突破できる可能性が出てくる。一頭のオスが複数回交尾できた場合、毎回とも射精と交尾栓を詰める行為をするかどうかは不明である。同じオスが交尾を繰り返す場合、一回目に射精と交尾栓を詰めるなら、二回目以降の交尾では、自分が詰めた栓を抜くことになるのではないか。

精液塊を取り除いてから射精できた場合に、そのオスは達成したとしてさらなる交尾をやめるのだろうか。子宮口にしっかり付着している精液塊を鉤で引き抜くときに、そのオスは引き抜きに成功したとの認識があるとしたら、さらなる交尾をする必要がない。それどころか、さらなる交尾で自分の精液塊を抜くなら、次のオスの受精に手を差し伸べることになる。

はたして自分が何番目の交尾オスか、わかるのだろうか。第一交尾オスは自分が最初のオスであることは、メスが出巣して最初に交尾をする状況からわかる。メスの膣内に交尾栓も精液塊もないから、自分が第一交尾オスであると認識できるはずである。

交尾の衝動が充たされた交尾回数に達したかどうかは、最後の交尾オスが誘惑型のメスと交尾したときにだけ判明する。最後の交尾オスは、自分が最後のオスであることは認識しているであろう。誘惑型の例を除いて、メスがさらなる交尾を拒否したために、そのオスとの交尾が終了したのであって、オスから交尾の繰り返しを自ら止めたことはなかった。

第一交尾オスの精液塊が抜かれても、すでに第一交尾オスの精子は子宮内を泳いでおり、父親になれる可能性は最も高いのではないか。そう考えると、メスの巣の入り口で第一交尾オスになるための壮絶で危険な闘いに納得する。第一交尾オスは自分の精液が固まるまではメスを防衛し、それ以上長く防衛して闘いと空中戦による死の危険を払わずに、父親になる確率に賭けているのかもしれない。そのうちに、メスはさっさと遠くのオスへ向かって移動するから、精液が固化するまでの一一分間、第一交尾オスはメスを防衛する努力を払いさえすればよい。

メスの側も、第一交尾オスが父親になってほしい場合に、精液が固まるまで第一交尾オスのそばにしばらくとどまるだろう。もし父親になってほしくなければ、前のオスの精液が固化する前に、次のオスへすばやく訪れるかもしれない。第一と第二交尾オスの交尾間隔が短い場合はあるが、メスにこのような意図があるかどうかを推測するには、交尾間隔の分析ができていない。

メスの計算とオスの戦略

非交尾期には、メスのなわばりとオスの行動圏は完全に重複している。各オスは数頭のメスのなわばりを移動して、食物を探し、数頭のオスと数頭のメスと出会っていた。非交尾期にメスのなわばりを訪れていたオスは、そのメスをめぐる交尾騒動には全員が参加した。各メスの交尾騒動に参加したオスの頭数は、ほとんどが複数で、最大八頭であった。

交尾期になると、各オスは各交尾期に一〜四頭のメスと交尾した。どのオスも自分の行動圏の中心部にいるメスについては、メスの巣を防衛でき、多くは一番目に交尾できた。オスの順位は土地と結びついており、自分の優位範囲から遠くなるほど同心円状に攻撃性が低下し、劣位になる。交尾をすませたオスよりは、未交尾のオスの方が攻撃的なので、この同心円状の優位範囲はやや弾力的である。結局、第二交尾オス以降、交尾日に鳴き続けたオスには、メスがやってきて交尾ができた。

最初に交尾した第一交尾オスは、交尾したメスの隣のメスが発情すると、隣のメスの第二か、第三交尾オスになった。さらに遠くのメスとはほとんど交尾できなかった。だから、多くの定住オスはメス一頭とは第一交尾オスになれるし、他に最大三頭のメスと交尾できた。

◉メスの計算

メスの側から考えてみよう。各オスの交尾回数は基本的にメスが決定する。しかし、父親になる確率が最も高いと考えられる第一交尾オスは、メスの巣を防衛するオス同士の争いで決定される。交尾数日前は、いつもよりメスの出巣時刻が遅くなるのも、巣の周囲でオス同士のけんかをたっぷりさせるためのメスの戦術のように思える。

それでは、メスが父親になってほしいオスを選べるのであろうか。

巣穴防衛したオスが最初に交尾すると、メスはなわばり周辺部を端から端へと飛び回った。メスはなわばり周辺部ではオス同士の優位が逆転することを明らかに知っている行動である。同じオスと繰り返し交尾するよりは、他オスとの交尾をめざすので、単に交尾回数を増やすだけでなく、複数オスとの交尾をめざしている。メスは移動する方向によって二番目からの交尾順と交尾相手を選択するのは容易である。

それぞれのメスは一～五頭のオスと交尾した。各メスのひと晩の交尾回数はしばしば一〇回以上であった。ハラグロでは一四回が最大であった（**図6−3**）。なぜ、複数のオスとの交尾をめざすのだろうか。ムササビの出産は年二回しかないし、齧歯類《げっしるい》としては珍しく少産で、一回の出産に普通一頭か二頭しか産まない。メスがなわばりを維持している期間に、自分の遺伝子を半分もつ子どもをなるべく多く離乳させて送り出すには、すべての交尾期に受胎することが至上命令であろう。

複数のオスと交尾すると、妊娠する確率を高めることはあっても、低めることはない。受け取る精液の量を増やせるし、授精能力の乏しいオスの精液が混じっていてもよいからである。もし複数のオスの精子が子宮に入った場合は、異なったオス同士の精子が受精に向けて競争をするかもしれない。しかし、精液が子宮口で固まるので、複数のオスと交尾する理由になるとは思えない。

社会生物学では、メス成獣が優れた遺伝子をもつオス成獣を選んで、その子どもを産もうとするとされる。そうすると、それらの子孫の遺伝子が時間をかけて個体群の中に広がると予測される。では、ムササビの場合、第一交尾オスは他のオスよりとくべつ優れているのだろうか。オスはメスより寿命（定住期間）が短いので、メスはなわばり維持期間中に新しいオスを迎えることになる。オスの定着先はオス同士の社会関係で決められるらしく、定住メスはどのオスが自分のなわばりに重複して定着するか選択できないだろう。つまり、メスの巣を防衛して第一交尾オスの権利を得るオスを、メスは選択できない。そのうえ、数年間は同じオスがメスの巣を防衛する可能性が高い。しかし、交尾に参加するオスは全員が定住者である。参加オスは性成熟するまで生命を失わず、定住に成功したという点で、どの参加オスも優れた成功者である。

メスは、毎シーズン特定の一頭のオスだけと交尾して子どもを産むよりは、さまざまな遺伝子構成をもった異なったオスと交尾して子どもを産んだ方が、その子どもたちが性成熟して繁殖期まで生きのびる自然選択に有利であるかもしれない。なぜなら、どのオスも定住に成功した優れたオスであるが、どのような優れた遺伝子をもっているか、メスには予測できないだろうからである。多くのオスが父親になることの利益は、さまざまな父親の遺伝子をメス自身の遺伝子と結びつけて子孫を作ることによって、多様な遺伝子構成をもった子孫ができるだろう。

しかし、産仔数は三頭以下であるから、多様な遺伝子構成をもつ子孫を産もうとするなら、交尾期ごとに父親を替えるのが良策である。実際、ハラグロの八年間では、第一交尾オスが次々と入れ替わったから（**図6-3**）、ハラグロの交尾戦術はうまくいったといえるだろう。ハラグロの巣を防衛したタワー2は、ハラグロの七回の交尾騒動に参加した。ところが、実際に第一交尾オスになれたのは最大二回だけであった。

ハラグロは一九八七年冬と一九九〇年初夏に、巣を防衛していたタワー2をすっぽかした（**図6-3**）。ハラグロが交尾日の朝に突然巣を替えたり、交尾日に巣を防衛するタワー2から逃げ出して、予想された交尾順を変更した。交尾騒動が始まってから巣を替えるのは、交尾日の朝に限られることから、第一交尾が予想される巣防衛オスの交尾順を攪乱するための戦術と考えてよいだろう。その仮定にたてば、ハラグロにとってタワー2との子どもは最大二腹分で十分ということになる。他のメスについても、交尾の経歴から、誰が、何回、第一交尾オスになったかを分析中である。

では、なぜメスはひと晩だけの交尾日に、次々と複数のオスと交尾するのであろうか。メスにとって父親になってほしい、好ましいオスとは、第二交尾オス以降に精液塊を抜くオスではないだろうか。精液塊まで抜く技術の優れたオス、または精液塊を抜くのに優れた形をしたペニスをもつオスは、第二、第三交尾オスのときでも父親になる確率が高いと想像できる。交尾栓に二つの精液塊を含んでいたと思われる例が一例あった（**写真7-2**）。そのような遺伝子を受け継いだ子孫のオス（息子を含む）は、より多くの子孫を残す確率が高まり、結局メスの遺伝子をよりよく広め、より多く残していくだろう。そのような仮定にたつと、メスはオスたちに精液塊を抜きあう競争をさせているのかもしれない。

◉交尾栓の排泄

交尾栓はメスが自分の意志で排泄できる。交尾騒動中や、すべての交尾が終了した後、交尾栓が膣口に露出していた例のうち、メス自身によって後に排泄したり（四例）、口で引き抜いて食べたりした（一例）。引き抜いた栓はボウリングのピンのような形をしている。おそらく、この形は膣の形状を反映しているのであろう。オスが引き抜いた場合の交尾栓は、竹輪を縦に割ったような形であった。

とくに重要と思えるのは、次のオスが交尾しそうになる直前に、栓をメス自身が落としたことである（三例観察、**口絵⑮**）。交尾したけれど父親になってほしくない場合に、メスが栓を捨てて父親になる相手を操作している可能性がある。しかし、体内の精液塊を落としたことは確認されていない。出血するほどにしっかり子宮口にくっついているので、メスがふんばっても精液塊ははがれ落ちないと考えられる。しかし、交尾栓を排泄することが、次のオスの射精になんらかの利益がある可能性もある。

齧歯類の交尾栓

齧歯類では交尾後に膣栓（交尾栓）と呼ばれる栓状のものが膣口に見られる。そのことが、交尾が行われた証明になる。実験動物のマウス、ラット、モルモットや、ヤマネでも膣栓が確認されている。実験動物のマウスは、夜に交尾すると、翌日の昼頃までは膣栓が残っているという。膣栓は体外に脱落する。受胎後の日齢が判明した胎仔を取り出す必要があるときに、膣栓は交尾日を知る重要な手がかりになる。

リス科動物でも、ジリスや樹上棲リスでも、膣栓が見られる。膣栓は受胎率を高める効果があると言われている。この膣栓は、精嚢から分泌されるタンパク質が凝固したもので、ムササビの交尾栓とはまったく違う物質である。

社会生物学では、膣栓の機能について議論されてきた。とくに、次のオスの交尾を妨げる機能があるかどうか、についてである。しかし、膣栓は次のオスのペニスの挿入を妨げる働きがないと結論づけられた。ただし、前のオスの膣栓が脱落する前か、次のオスが膣栓を取り除けなかった場合、後で交尾したオスの受精率に影響を与えるかどうかは不明である。

前に交尾したオスの精子を取り除いて、自分の精子を送りこむ行動は「精子置換」と呼ばれる。自分の遺伝子をより多く残していくことが自然選択の本質、というのが社会生物学の基本概念である。精子置換は、それ以外の概念では説明できない不思議な現象であるから、社会生物学の概念を支持する重要な証拠である。

前に交尾したオスの精子を抜き取り、自分の精子を送りこむ行動は、トンボや鳥でも知られている。ムササビでは前のオスの精液塊を取り除くことは精子置換の一種であるから、ムササビが哺乳類で唯一の例である。

第8章　交尾期が年二回ある理由

年二回の交尾期

メス三五頭の交尾日は、八年間で合計一五三夜が観察された。交尾日の分布をグラフに描くと、交尾期が初夏と冬の年二回にはっきりと分かれる（**図8－1**）。交尾を観察した期間は、初夏が五月一二日〜六月一六日、冬が一一月一七日〜一月二九日であった。日付の中央値は、初夏が六月一日、冬が一二月二一日であった。

交尾期間の幅は、初夏が三六日間、冬が七四日間であった。期間の長さは初夏が冬の約半分であった。年ごとの交尾期間の中央値は、初夏が二六日、冬は四〇・五日であり、初夏は冬の六四％しかない。初夏の交尾期間が短いことは、個々のメスでも確認できた（**図8－2**）。

年二回の交尾期は、神奈川県（菅原 一九八二）と、私の調査した奈良県（Kawamichi 2010）だけではない。東北の福島県でも、六年のうち三年間は同一個体が年に二回出産した（金澤・川道 二〇一一、二〇一四）。

四国の高知県でも、戸袋に住みこんだあるメスは六年間に八回出産して、同じ年の春と夏に出産した（和田晴子さん私信）。年二回の交尾期は、ムササビの全分布域で共通することが判明しつつある。

交尾期が年二回あるといっても、それぞれのメスが年に二回交尾するかどうかは別問題である。主な観察対象である一三頭で、初夏と冬の連続六交尾期以上（連続三年以上）の交尾を確認した。七年半に一五回連続で交尾したメスもいた。交尾を目撃できなかったが、そのメスに子どもが出現した場合も交尾率に含めると、一三頭のメスで年二回の交尾期を通して八八％の交尾が起こっていた。つまり、どのメス成獣も年二回きっちり交尾する生理的な仕組みがある。北半球（生物地理学上の全北区にあたる）の樹上棲リスで、どのメスも年二回交尾するのは初めての発見である。

それぞれのメスの発情日（交尾日）は、各交尾期に一夜しかない。交尾前日まで、メスは群がるオスに決して交尾させないように逃げ回る。交尾日の翌夕に、昨晩観察したメスのなわばりを訪れて、オスの求愛活動が完全に終了していたことを確認した（八三例）。唯一の例外はグレーテルで、二日連続で交尾したことがあった（一九八三年と一九九〇年の二回）。二日目が本番であり、一日目の交尾は二回の短い交尾（一一秒以下）が見られただけであった。

初夏の交尾期では母親の交尾率が四〇％（母親一三例、母親ではない三四例）、冬の交尾期では母親の交尾率が三三％（母親二九例、母親ではない六〇例）であった。冬がわずかに少ないが統計的に差はない。母親ではない成獣とは、妊娠しなかったか、出産しなかったか、次の交尾期が始まるまでに子どもを失ったメスである。初夏の母親の交尾率が四〇％ということは、妊娠・子育ての期間中が冬季間である。つまり、冬の気候条件が繁殖に影響を与えないと考えてよいであろう。

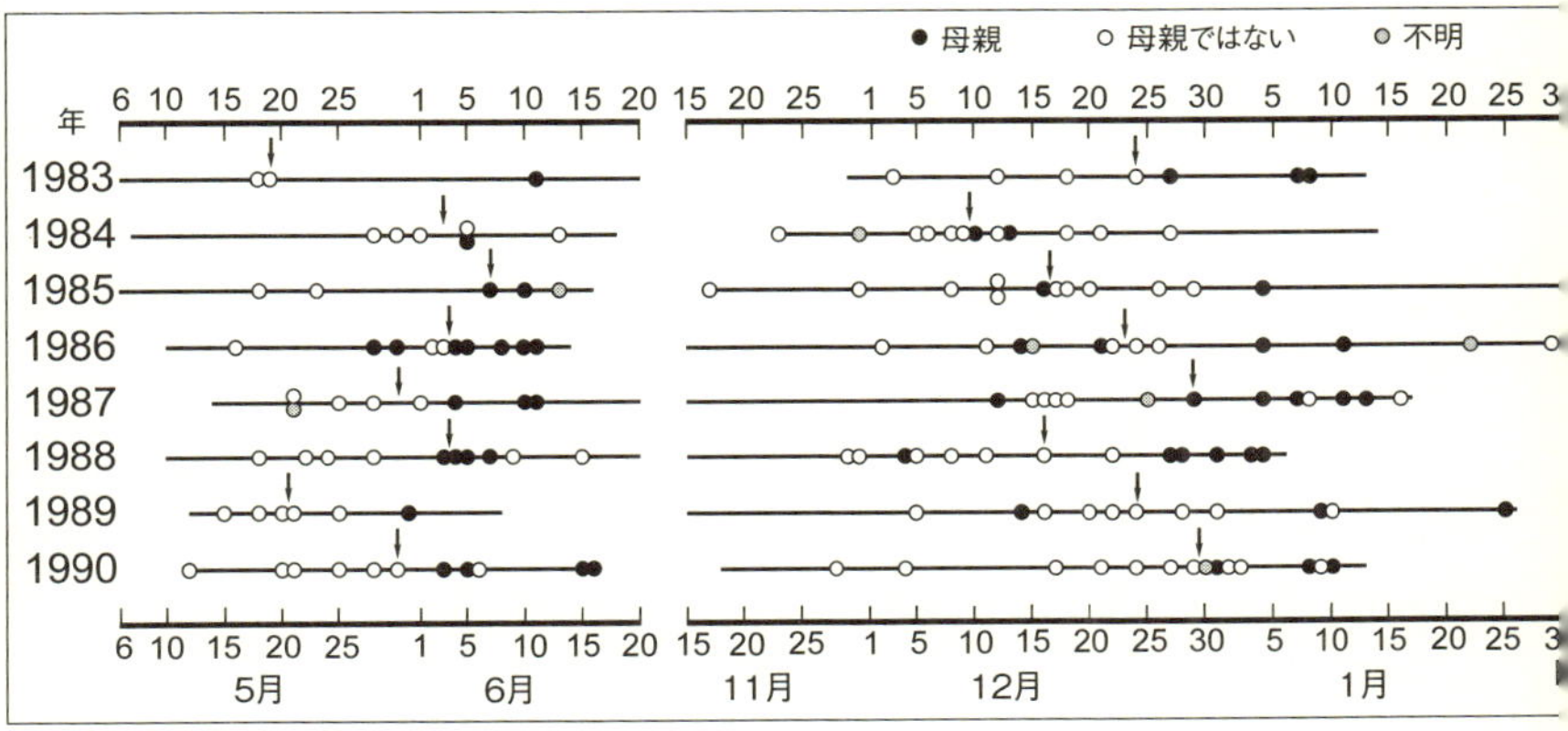

図8-1 8年間の交尾期は、毎年、初夏と冬の年2回ある。
母親は各交尾期の後半に発情する傾向があり、とくに交尾期が短い初夏ではっきりしている。矢印は各交尾期の中央値を示す。横線の長さは各交尾期の観察期間を示す（Kawamichi 2010）。

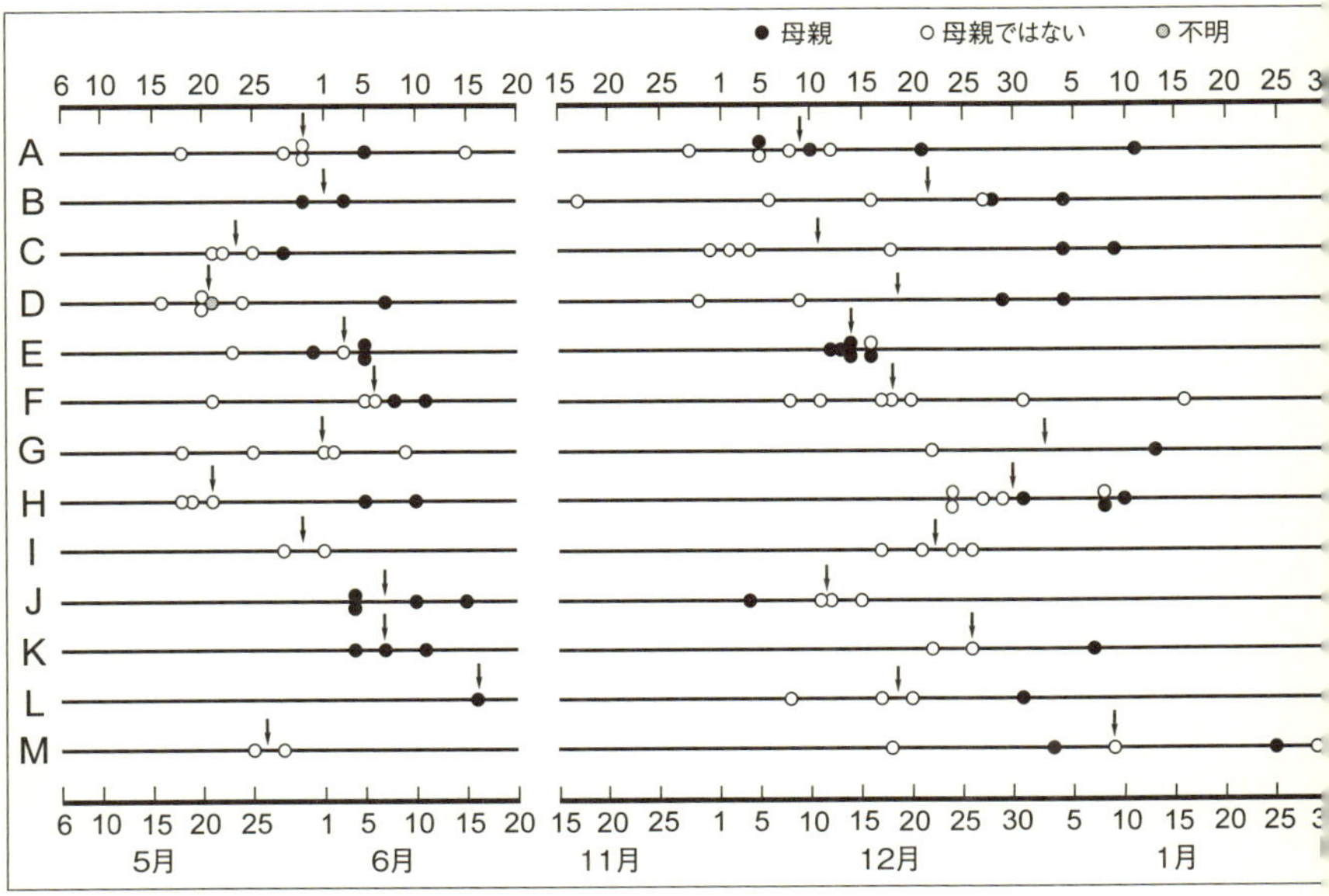

図8-2 メス13頭（A〜M）の交尾日。
各交尾期に1回しかない交尾日を1〜8回（年）を重ねている。矢印は各交尾期の中央値を示す（Kawamichi 2010）。

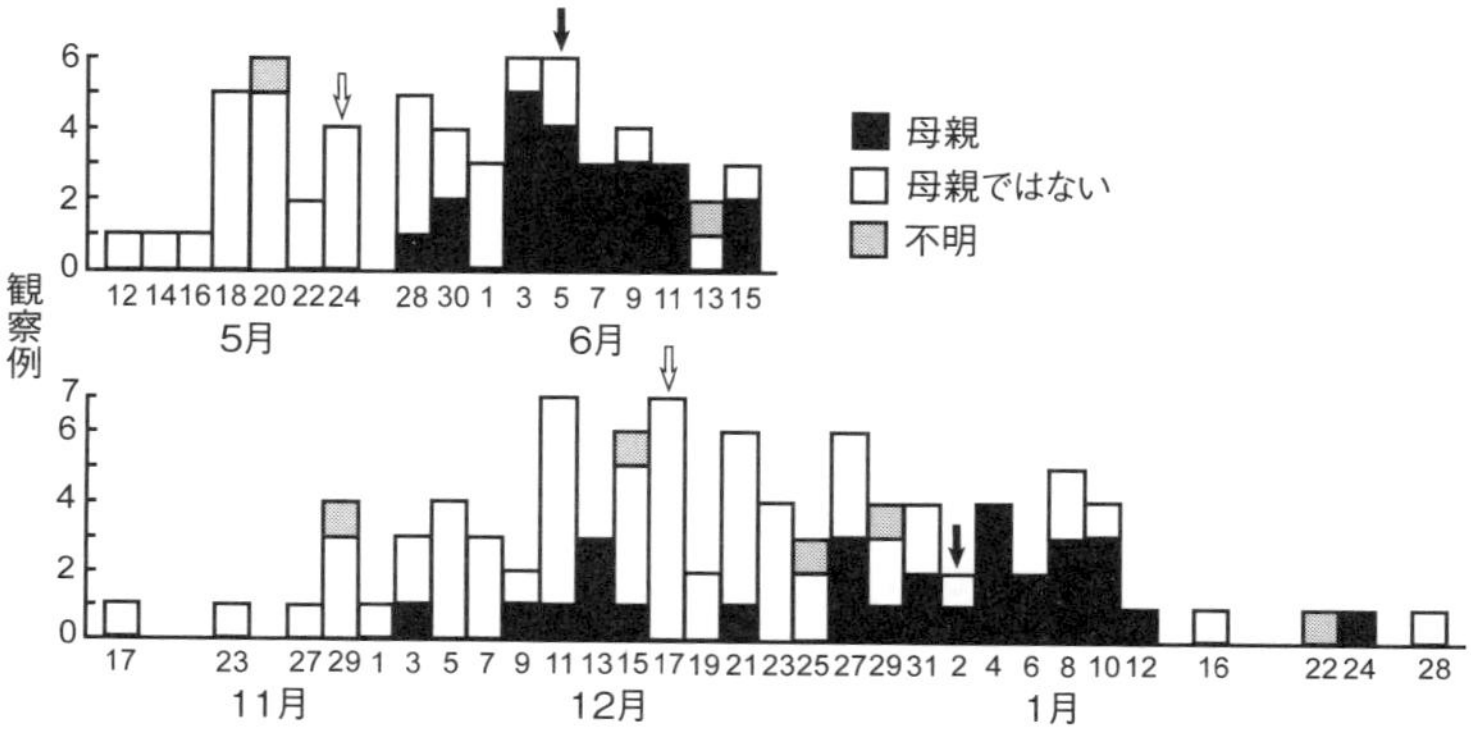

図8-3　母親と母親ではないメスの交尾日の分布。
母親は交尾期後半に発情する。黒矢印は母親の観察例の中央値、白矢印は母親ではないメスの中央値（Kawamichi 2010）。

出産した母親は、子どもが生後二〜四カ月になった頃に、次の交尾期を迎える。母親は次の交尾期には、交尾期後半に発情する（**図8-1**）。母親の発情が遅れる傾向は、個体別でもはっきりしている（**図8-2**）。とくに交尾期間が一カ月しかない初夏では、母親の発情が交尾期後半に集中し、六月になってから八七％の母メスが交尾した（**図8-3**）。冬の交尾期でも、一月を過ぎると母親の交尾が多くなる。なぜ母親は発情が遅れるのだろうか。

交尾日の間隔

同じ個体で、ある交尾期と次の交尾期で連続して交尾を観察できた場合に、二つの交尾日にどれくらいの日数の間隔があったかを調べた。その間隔は一七頭で八九例が得られた。

冬の交尾日から初夏の交尾日までの「冬の非交尾期

間」は、一七〇～一七四日間にピークが見られた。初夏から冬までの「夏の非交尾期間」は、一九〇～一九四日間にピークがあり、冬の非交尾期間より約二〇日間長かった。中央値では、夏の非交尾期間が二〇五日で、冬の非交尾期間が一六三日で、夏の非交尾期間は四三日間長く、統計的に有意差があった。

メスが出産して授乳を終えるまでの繁殖期間にかかわる日数を計算しよう。交尾日から出産日までの妊娠期間は七四日間であった（第９章）。眼を閉じたまま裸に近い状態で生まれた赤ん坊は、樹洞の中で母親から乳をもらって成長する。体毛が伸び、眼が開き、爪をたてて樹洞の壁を登る力をつけると、樹洞の入り口から顔を出す。さらに日数がたち、ようやく巣の外で危なっかしい活動を始める。

若い個体が外出先で母親に会うと、まだ乳をせがむ。巣の外で授乳していた四腹の子どもで、最長は生後一〇三日目であった。他の例は九三、八八、七二日目であった。この四例は、交尾日から計算したもので、交尾日から妊娠期間七四日を差し引いて得た日齢である。母親は交尾から離乳まで、最長は一七七日間（妊娠期間七四日と授乳期間は一〇三日）繁殖に関与していた。つまり、繁殖に約六カ月費やしたら、次の交尾期がくるスケジュールになる。メス成獣は子孫を送り出すために、なわばり占拠中は繁殖努力を一年中費やすのだ。

冬の非交尾期間では、母親の交尾日は大部分が一八〇日間未満に分布していた（図８-４）。そのために、授乳期間が終わる頃に母親は交尾日を迎える。冬の非交尾期間が短いので、おそらく授乳期間の影響を受けて、初夏の母親の発情は冬の非交尾期間の後半の六月に集中する。一方、長い夏の非交尾期間では、母親の交尾日の分布は一八〇日間以上であるから、母親は次の冬の交尾時には授乳を終えていると推測できる。そのため、冬季の母親の交尾日は初夏ほどには集中しないと考えられる。

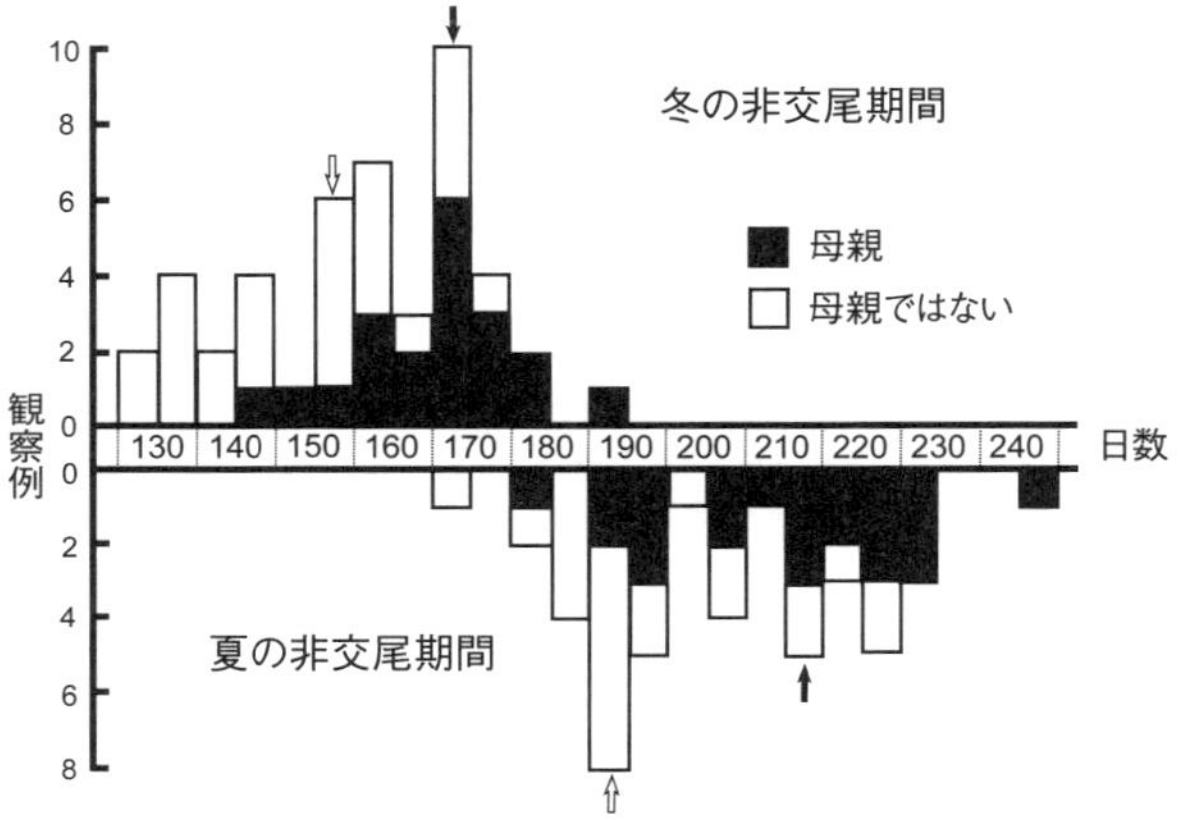

図8-4　同一個体の連続する交尾期で、どれくらいの交尾間隔があったか。17個体から得た。冬の非交尾期間とは、冬の交尾日から初夏の交尾日（46例）、夏の非交尾期間とは初夏の交尾日から冬の交尾日の期間（43例）。母親は後者の交尾日で判定した。黒矢印と白矢印は図8-3を参照（Kawamichi 2010）。

授乳期間中には母親は発情しないのだろうか。じつは、子どもへの授乳が交尾日の朝（六月一一日）と交尾四日後（六月九日）の二例があった。このことから、発情には授乳の終了が前提条件になっているのではない。

母親ではないメスについてはどうだろうか。冬の非交尾期間では、交尾日の分布が比較的均一であるが、夏の非交尾期間では一八五～一九四日に交尾日が集中している。夏の非交尾期間では、初夏の交尾で生まれた子どもをもつ母親は冬の交尾日までの日数が中央値で二一九日、母親ではないメスが一九四日であり、その差は二五日間であった。同様に、冬の非交尾期間でも、母親の中央値が一七一日に対し、母親ではないメスが一五七日で、差は一四日間であった。これらのことから、子どもを育てられなかった成獣メスは、早めに発情すると考えられる。

したがって、母親と母親ではないメスは、それぞれ異なった生理の仕組みに影響された繁殖戦略をもつのであろう。しかし、夏の非交尾期間と冬の非交尾期間の交尾日の集中度の違いと、母親と母親ではないメスの交尾日の集中度の違いから見て、授乳行為が次の発情のタイミングに強い影響を与えることは間違いない。一方で、母親ではないメスが早めに発情することが、実際どれだけ繁殖上の利益があるのかは不明である。

交尾期はなぜ初夏と冬なのか

哺乳類の子どもが乳離れする時期は、子どもが食物をとりやすい時期、つまり食物が最も豊富な季節と一致するという大原則がある。草食獣にとっては草が萌え出るときだから、出産は春になる。餌となる草食獣の子どもが多い春は、肉食獣にも出産期になる。サルやシカのように妊娠期間が長い動物では、交尾期はさかのぼって秋になる。交尾により授精した胚は、妊娠期間を経て幼獣として誕生し、授乳を受けて成長した子どもが自立して採食を始める。交尾の時期、妊娠期間、授乳期間の三つが、子どもが採食を開始するタイミングを決める。

なぜ冬と初夏というまったく違う季節に交尾期があるのだろうか。離乳したムササビの子どもにとって、大原則にしたがって食物が得やすい時期にさかのぼって交尾期が決定されているのだろうか。

ムササビの妊娠期間は、齧歯類《げっしるい》としてはかなり長く、一四頭のメスから得た二五例から、平均七四・六日とわかった（第９章）。交尾日に七四日を加えた出産期は早春（二一～四月中旬）と真夏（七～八月）になる（図8―5）。子どもは母乳を飲んで成長を続け、最も早い採食は生後四七日に観察された。この生後四七日から、最長授乳が観察された生後一〇三日までの期間は、離乳移行期間と見なしてよい。巣から外出を始めるのは生後四八日目からである。外出を始めるのは、冬の交尾で生まれた春子が四月中旬から、初夏の交尾による夏子が九月下旬から観察される。

温帯の森林は樹上棲リスに栄養豊富な食物を年に二回提供する。春には花と新芽であり、夏の終わりから秋には種子と果実である。これはムササビにも当てはまる。ムササビの子どもが外出する四、五月は、一年で最も食物の種類が多く、ほとんどの木は花と新芽を提供する。九、一〇月は実りの秋で、森には種々のドングリ、マツの実（松ぼっくり）、カキの実が豊富にある。

月ごとの食物の豊富さを客観的に示すために二つの指標を採用した。採食観察数のうち硬い葉が含まれる割合と、食物の種類数である。ムササビは柔らかい葉がないときに硬い葉を多く食べるので、硬い葉の割合は食物が貧しい指標に使える。食物の季節変化（第3章）から、一二カ月の毎月の硬い葉を食べた割合と食物の種類数を二つの折れ線グラフで示した（図8―5）。一五三夜の交尾日にそれぞれ妊娠期間七四日を加えて導き出した出産日の日数を白の棒グラフで示した。そのデータに、採食を始めた最も早い生後四七日後の子どもの四七日を加えて、採食開始日の斜線の棒グラフを示した（図8―5）。

一～三月に生まれた九四腹の子どもの多くは、四～五月に採食を開始する。この開始時期は硬い葉の割合が一年間を通して最小であり、食物種類数が最大の時期である。同様に、七月と八月に生まれた五九腹の子どもは、硬い葉が一年で二番目に低く、食物種類数が増加する八月と九月に採食を開始する。

硬い葉の割合と採食開始日とは高い相関が認められ、食物数と採食開始日とは相関が低い。したがって、

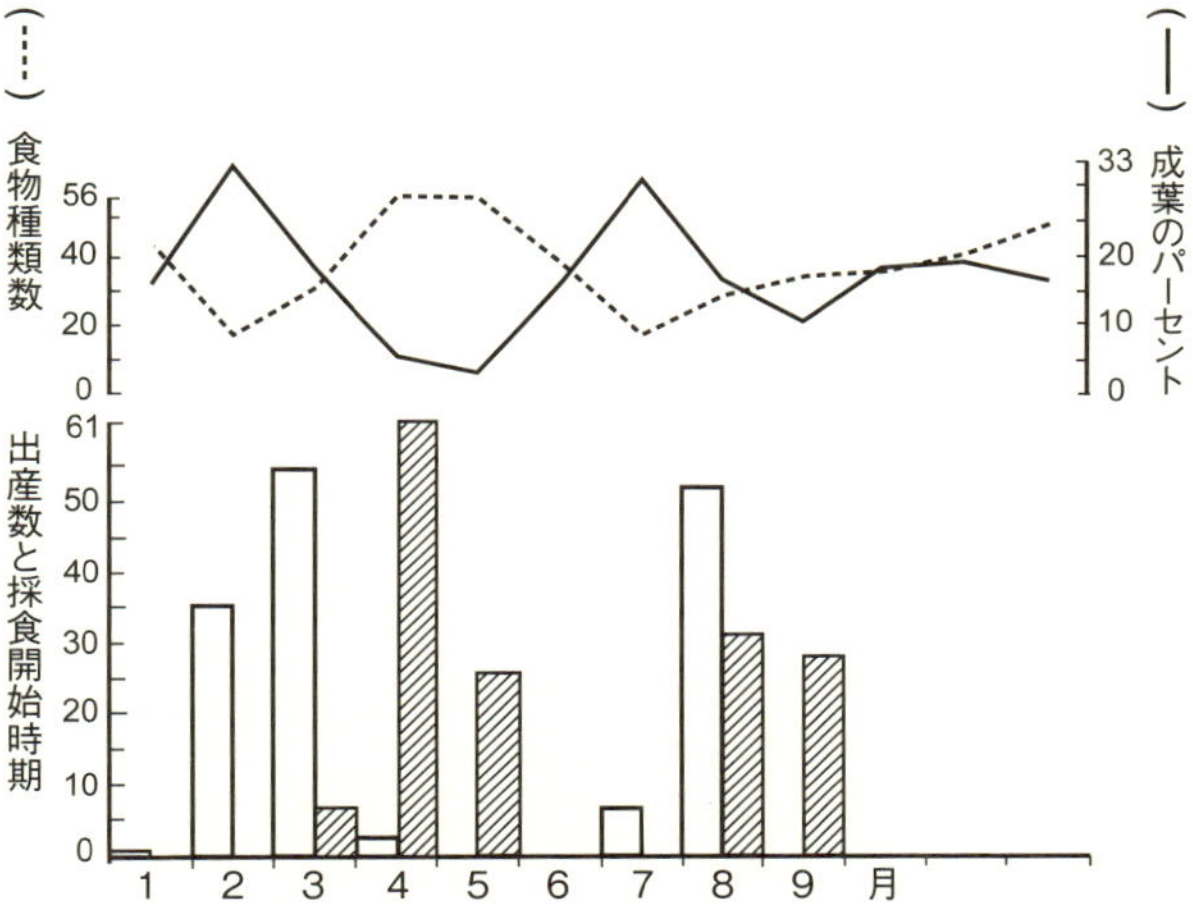

図8–5　交尾日に74日を加えた出産日（白の棒グラフ）は、早春（２〜４月中旬）と真夏（７〜８月）になる。生後47日の子どもの採食開始（斜線の棒グラフ）は、食物の豊富な時期と一致する。食物の豊富さ（上図）は、採食観察に占める成葉が含まれる％（実線）と食物種類数（破線）で表す（Kawamichi 2010）。

子どもの採食開始を食物が豊富な時期と一致させるために、長い妊娠期間をさかのぼって交尾の時期が決められている。つまり、食物が豊富な季節に子どもが採食を始めるように、逆算して年二回の交尾期がムササビでも決定されると結論した。

最も食物がある季節に子どもが乳離れするように決まるなら、その直前の妊娠中はメスにとって最も食物の乏しい季節になる。妊娠中の一〜二月と六〜七月は、食物の種類が少なく硬い葉の割合が多い。妊娠中のメスはこれらの食物の厳しい季節に母体で胎仔を育てるという二重苦に耐える。

ムササビは乳首が六個ある。産仔数は普通一〜二仔であるが、最近、三仔の例が確認された（川道・横濱 二〇〇八）。乳首の数からみて、ムササビの祖先は現在よりも産仔数が多かったのであろう。皮翼目のヒヨケザルや、フクロモモンガなどの有袋目を含めた滑空性哺乳類の総説によると（Goldingay 2000）、滑空性哺乳類の産仔数は少なく、多くが一～三仔である。その理由は、胎仔数が多くなると滑空距離が短くなり、日常生活に不利になると、私は考えている。ムササビは、出生時に三四g（到津《いとうづ》の森公園 二〇〇六）で、成獣一一〇〇gの三・一%である。二仔として、妊娠メスにとっては約六%の負担になる。

年に二回出産しても年間の産仔数は四頭であろう。これは齧歯類としては少産である。そのためには、年二回の出産を確実にすることである。各交尾期に必ず妊娠するような交尾・受精システムを発達させているだろう。そのうえ、子どもが早死にしないように、母親のなわばり内で性成熟するまで子どもを保護する（第10章）。

年に二回、すべてのメスがきっちり交尾する要因は、冬が厳しくない点である。秋に食物が豊富であっても、寒帯に分布する樹上棲リスにとって冬は厳しい季節である。二回目に生まれた子どもと育てる母親にとっては生き残ることが難しい気候条件である。しかし、ムササビの生息する温帯の森林、例えば私の調査地は標高九八～一五〇mで、平均気温が一月三・四℃、八月二六・四℃である。冬季に雪がときどき降るが、数日で溶けてしまう。冬季に子育てを続けるのは、母子ともに難しくない。すでに述べたように、初夏の交尾期に子をもつ母親の割合は、夏を越した母親の割合と差がない。

金澤氏が巣箱で観察したメス悠は、満二歳で初産し、六年間に九回の出産をした。春は毎年出産した（金澤・川道 二〇一四）。年に二回の出産は三年あった。このことは、冬の交尾による春の出産は、夏の出産より優先することを示している。春の豊富な食物条件を考えると、この事実は納得できる。

もう一つの交尾期を決める要因として、温帯以北に分布する多くの哺乳類は、日長時間が長くなる長日効果で、メスの発情を刺激する生理システムをもつ。アメリカモモンガ（*Glaucomys volans*）でも、長日になると睾丸の降下が起こる（Muul 1969）。

ムササビでは、初夏の交尾期の開始は夏至（六月二一日頃）の四〇日前、冬の交尾期は冬至（一二月二二日頃）の三五日前である。メスの外部生殖器の状態から判断して、前発情の最も早い兆候は交尾日の四二日前であるから、秋分（九月二三日頃）と春分（三月二一日頃）を過ぎてから前発情は起こる。もしムササビの発情も日長変化で決められているならば、冬の交尾期では短日、初夏では長日の効果で生理的に交尾期の開始を決めているのだろうか。そのような生理システムは今のところ、哺乳類では知られていない。

リス科の繁殖をまとめたハイセンによれば、樹上棲リス（リスとムササビ、モモンガ）では年繁殖回数は一回か二回で、年二回が多いという（Hayssen 2008）。温帯から寒帯の樹上棲リス三〇種では、五属九種は年二回で、唯一ミミゲモモンガ（*Trogopterus xanthipes*）だけは飼育下で年一回である（Wang 1985）。

年二回繁殖する樹上棲リスのうち、ムササビ以外では二回目の繁殖をするメスの割合が非常に少ない。例えば、トウブキツネリス（*Sciurus niger*）では二%、トウブハイイロリス（*Sciurus carolinensis*）では二七%（Steel and Koprowski 2001）、タイリクモモンガ（*Pteromys volans*）は最大三一%である（Hanski et al. 2000）。

ムササビのようにメスが安定して年二回交尾する種《しゅ》は、温帯から寒帯の全北区に分布するリス類では初めての発見である。他のリス類で二回目の繁殖をする種は、その年の一回目の繁殖が失敗した場合や、前年生まれの個体が一回目を飛ばして二回目の時期に年初の繁殖をする可能性がある。二回目の時期に繁殖するからといって、同一個体が年二回繁殖すると早合点してはいけない。

しかし、年二回繁殖する潜在能力があるのに、ムササビのように年二回確実に交尾する種がいない理由は、なんといっても冬季の厳しい気候であろう。二回目の繁殖を遂行するよりも、遂行しない戦略の方が自然選択に有利であるからだろう。温帯以北のリス類は、冬季用に貯食をしたり、エゾシマリスのように冬眠したりして冬季をやり過ごす生活方法を示す。地上棲リスのジリスやマーモットはほとんどが冬眠する。熱帯中心に分布するムササビ属で北方の日本まで進出したムササビは、日本列島で孤立してきた長い歴史の間に、温帯気候で冬季に積雪に覆われながらも年二回繁殖する、ぎりぎりの適応を果たしたのではないか。生息環境がより厳しい東北地方や長野県でのムササビの繁殖データが待たれる。

二回目の時期に繁殖した個体を解剖すると、一回目に繁殖した個体の子宮に胎盤痕が残っているので、年二回繁殖した証拠になる。そのような個体であっても、出産後まもなく子どもを失った個体なのか、子育てがうまくいったうえで二回目の繁殖をしたかどうかは判定できない。ともかく標本として殺さずに、同一個体が年二回の繁殖がうまくいった事実を自然観察で把握するには、私の研究のように野外での大変な作業が要求される。

年一回の睾丸の縮小

チュージロと名づけたオス成獣がいる。尾の先端に中ほどの大きさの尾白部分をもつので、簡単に識別ができる。夏にチュージロそっくりのオスを見つけたが、あるべき睾丸のふくらみがない。個体識別に自信があるのに、と思いつつ仮の名前をつけ、写真を撮っておいた。しばらくたって再びこのオスに出会うと、睾丸が半分ほどふくらんでいるではないか。陰嚢にあった茶色のシミも同じであった。以前に撮影したカラースライドをルーペで調べたら、夏の縮んだ陰嚢にも同じく縮んだシミがあった。見たところ、陰嚢とは思えないほどに縮んでいた。

この観察がきっかけで、オス成獣は初夏の交尾期が終わると年に一回だけ睾丸を縮小させ、八月後半に再び発達するとわかった（川道　一九九八）。一年を通して、五二頭のオス成獣の睾丸サイズを個体別に目測で六六七回判定した。年二回の交尾期に、八〇％以上のオスは睾丸が最大であった。初夏の交尾期が終了した直後に睾丸が急激に萎縮し、完全に縮小した。そして、七月下旬から再び発達を始めた。二つの睾丸がそろって発達する個体もいるが、片方だけが先に回復する個体もいた。

個体別に調べると、睾丸の縮小と再発達の時期と期間には、かなりの個体差があった。それでも、初夏の交尾期を終えた直後の六月後半～七月後半の間、約一カ月間縮小していて、平均四七日間で睾丸が縮小から再発達に転じていた。

我が家で飼育中のオス成獣にも睾丸の縮小が起こった。陰嚢に触ると、睾丸の形はなく、ふにゃふにャの状態であった。野外観察では、縮小したオス成獣と睾丸が未発達の若オスとを区別するのは難しい。尿道口が「でべそ」のような大きいサイズが成獣で、これが識別点になる。

二月後半~三月前半にかけては睾丸サイズがやや小さい傾向があった。低温の時期で、体温の放熱を節約するために陰嚢が縮んでいたためかもしれない。台湾のオオアカムササビ（*Petaurista philippensis*）は、年二回の交尾期の間にある二回の非交尾期にも睾丸が縮小する（Lee et al. 1993）。日本のムササビでは、冬から早春の非交尾期間は一〇二日間しかなく、睾丸が縮小して再発達するには期間が短すぎるかもしれない。

謎解きに挑戦

この章で述べてきた、①初夏の交尾期間が冬より短いこと、②オス成獣の睾丸が年に一回縮小すること、③夏の非交尾期間が冬の非交尾期間より長いことを、総合的に考察して、ムササビの繁殖戦略を探ろう。

年に二回の交尾期で、最も早い交尾日は冬至または夏至の約五週間前であるから、各交尾期の開始は半年のカレンダーの同じ位置にある。それなのに、なぜ初夏の交尾期間は短いのか。個々のメスも外部生殖器の変化からみて、発情の気配から交尾日までの期間が初夏では短い。

短い初夏の交尾期は、個体群レベルで繁殖にどのような影響があるのだろうか。交尾日が短期間に集中するために、メスの前発情や交尾日が重複しがちになり、各メスの交尾騒動に参加するオスの頭数が相対的に減少する。各オスにとっては、初夏の交尾期に消費する全エネルギー量は冬より少なくすむかもしれない。

交尾期が集中するから、出産期が集中し、生まれた幼獣が採食を始める時期も集中する。しかし、夏の安定した気候下では、特定のある時期に出産が集中しなければならない理由はない。幼獣が採食を始める秋は、長期にわたってドングリやカキの実が手に入るので（図８－５）、出産を特定の時期に集中させる必要もない。

哺乳類のオスは睾丸が発達し、精子を作り出して、性成熟が完了する。特定の季節に繁殖する多くの種では、非交尾期間にオス成獣の睾丸が縮小する。睾丸を組織的に崩壊させ、短期間に再発達させるためのコストと、睾丸を発達させたままのコストは、どうなっているのであろうか。大きな睾丸は放熱器官としても役立つと思うが、夏に縮小しても意味がない。ムササビの夏の短期間の縮小は、単なる経済性だけとは思えないが、どのような機能があるのか未解決である。

飼育下でもメス成獣は発情するが、オス成獣がいないので、交尾はできない。すると、約一・五～二カ月の間隔で繰り返し再発情する。私の調査地では、通常の出産期からはずれて生まれた子どもは見つかっていない。このことは、妊娠率がきわめて高いことがうかがえる。

不必要とも思える睾丸の縮小－再発達は、交尾日を一日だけに限定するのに役立つという仮説をたてた。初夏の交尾期に妊娠できなかったメスは、再発情するだろう。しかし、オスはすでに睾丸が縮小しているので、妊娠できない。このことは、メス側に年二回の交尾期を固定させるのに役立つかもしれない。交尾のすんだメスが再発情しないのであれば、オスは未交尾のメスだけを探せばよい。未交尾のメスを探すコストは相当に節約できるだろう。逆に交尾ずみのメスが再発情する可能性があれば、果てしないメス探しが続くだろう。

ただし、オス成獣が睾丸を縮小させている時期に、生まれて初めて睾丸を発達させつつある若いオスが少数いるので、交尾できる若オスがいるかもしれない。仮に七〜八月に再発情したとしよう。すると、その子どもは一一〜一二月に離乳することになり、食物条件は最適ではない。

一つだけ気になっているデータがある。それは、我が家で二〇歳四カ月生きたメスのモモで、ムササビ長寿日本一である。モモは当時、九州大学の大学院生であった馬場稔氏が九州で捕獲したが、一二月二〇日の生け捕り時に体重が二一五gであった。この体重は、動物園で母親が授乳して育てた子どもの生後二六日目にあたる（浜田 二〇〇〇）。すなわち、モモは一一月下旬に出生したことになり、交尾は九月にさかのぼる。最近では、島根県で屋根裏に寝泊まりする野生個体が二〇一四年四月二六日に出産した（藤原陽一氏私信）。妊娠期間七四日をさかのぼると、二月一一日頃の交尾になる。私の記録では、最も遅い交尾日が一月二九日であったから、再発情したのかもしれない。西日本で再発情する可能性は脳裡にとどめておくべきである。

冬季に受胎に失敗して再発情した場合、初夏の交尾期には再発情で生まれた子どもはまだ授乳中である。そうなると、遅れて生まれた子どもが採食を開始するときには採食時期として最適ではない。母メスの発情は一カ月間の初夏の交尾期に間にあわずに、睾丸の縮小が始まってしまうかもしれない。

一方、睾丸の縮小が起こる夏は、夏の非交尾期間が冬の非交尾期間より一カ月長い。初夏の交尾期が短いのは、睾丸縮小前に交尾を終えるように、メスの年間スケジュールに組みこまれているのかもしれない。この雌雄の生理的な年間スケジュールに関して、どのような仕組みにより異性間で進化しうるのか、まだ謎は解けてはいない。

第9章　母と子

野外で出産を知る方法

暗闇がすでに辺りを包み、出巣したムササビはあちこちで鳴き声をあげる。しかし、私は一本の大木を見上げたままでいる。七四日前に交尾したメスが、この木で出産したのではないかと、巣穴を見つめているのだ。

一時間、二時間、三時間と、時が過ぎ去っていったが、この巣にいるのかどうかも不明である。出産日の朝、巣を突然替えることもあるからだ。最初の活動時間帯が終わったので、辺りは再び静寂になってきた。忍耐が切れそうになる頃、森を吹き抜ける一陣の風が枝葉を揺らした。すると、目的のメスがひょいと顔を出した。

巣穴を見つめていても、一瞬の気のゆるみで出巣を見逃すこともある。早春の夜の冷えこみや、吹雪や、夏の蚊の襲来に耐えながら、見上げ続ける。首と腰が痛むので、立った姿勢から地面に腰を下ろす。

これは睡魔が襲う危険な姿勢であるが、やむを得ない。

短針は一二時を回った。この時刻まで外出しないので、出産日である予想が確信へと変わった。三月一六日三時三〇分、メスが初めて外出した。暗くなってから九時間が過ぎていた。入り口近くの枝で毛づくろいしている最中に、外部生殖器から鮮血がしたたり落ちた。「やったぞ」と心の中でつぶやいた。

出産前後の作業で長時間巣内にとどまっていた母親は、深夜に初外出すると、食物がある木へ直行した。このメスは、イヌシデ・コナラ・アラカシの冬芽とスギの葉を次々と食べた。ガツガツと食べる速度は尋常ではない。よほどお腹がすいていたのと、早く巣へ戻りたい気持ちがあるのかもしれない。採食を終えると、寄り道をせずに巣へ直行した。五時一六分、帰巣。出産当夜の活動は、この一時間四六分の一回きりであった。採食している間に、新生仔に吸われて乳首の周囲の毛がよじれているのを確認できた。

◉出産日と妊娠期間

交尾日がわかっているメスを次々と観察すると、出産した子どもに吸われた乳首や、遅い出巣時刻の観察例が集まり、どうやら妊娠期間は七〇日を超えるらしかった。それからは、交尾後七〇日目から巣の下で待機するようになり、出産日と妊娠期間のデータを積み重ねることができた。

ムササビが一回に産む子どもの数（産仔数）は普通一仔か二仔であるから、妊娠したメスのお腹が格別ふくらんでいる様子はない。出生時に二仔でもメス成獣の体重の約六％にすぎない（第8章）。下腹部がわずかにふくれるのは早くて出産五日前であった。乳首が大きくなるのは早くて一一日前で、ピンク色になるのは早くて四日前であった。外部生殖器が前後に伸びるか、ふくらむのは、早くて四日前であった。

出巣時刻から出産日が判断できる。出産予定の数日前（交尾日から七〇日目）から、毎夕、メスの巣の下で待つと、出産前日まで少しずつ出巣が遅くなる傾向があった。出産日の外出時刻は極端に遅くなり、前日の出巣時刻に比べて四〇分～五時間五六分、遅くなった。

前日まで使っていた巣で出産したのが一六例、出産日の早朝に別の巣へ入って出産したのが四例あった。樹洞巣での出産が二一例（スギが一三例）、建物が四例であった。

交尾後七四日目は徹夜の観察になる。出産後初めての外出は、深夜か、ときには明け方近くになる。おそらく、日中早くに出産したメスは初外出が早めで、夕方近くに出産したメスは遅くに初外出するのだろう。出産後の最初の夜には、一～一六回外出する。

出産作業を開始してから完了までに必要な時間はどれくらいなのか、手がかりになる例がある。グレーテルは同じ木にある下の巣から上の巣へ入り（三月五日一八時二二分）、初外出（二一時四六分）は三時間二四分後であった。初外出の際に外部生殖器に鮮血を確認した。

出産の証拠は鮮血である（全二五例）。その証拠をつかむには、出産後の初外出の瞬間が重要である。巣の入り口から外に体全体が出た瞬間や、入り口近くの枝で毛づくろい中に、外部生殖器から鮮血がしたたり落ちたり、周辺部の毛に血が付着していたりする。飛膜・尾・鼻にも血が付着していたこともあった。ところが、採食を終えて巣へ戻ってきたときや、次に巣から出てきたときは、血がきれいになめ

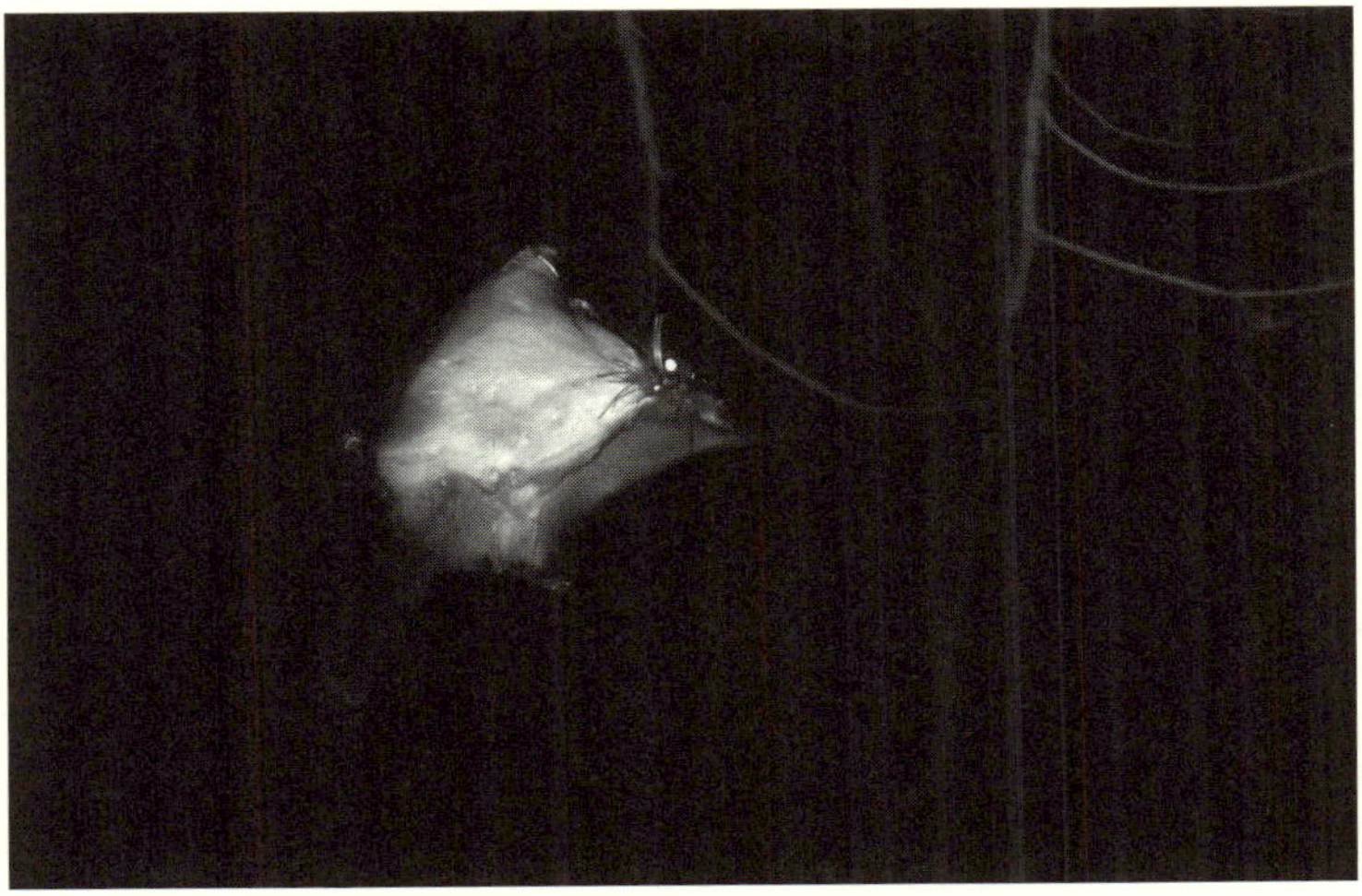

写真9-1　メスは帰巣の際、はがしたスギの樹皮をくわえて持ち帰る。

とられている。後産なのか、出産翌日と翌々日に、黒褐色または褐色の血液が膣口に詰まっていた例があった。

もう一つの出産の証拠は、吸われた乳首である。子どもが吸った乳首は、周囲の毛がよじれて、むき出しになる。出産当日は六個の乳首を一仔か二仔が吸うので、むき出しになった乳首を探し出すのはやや難しい。出血を確認してから乳首をチェックする手順なので、チェック時間はほとんどない。子どもがあちこちの乳首に吸いつくので、日を追ってむき出しの乳首は多くなり、乳首が赤くなる。出産前に見られた下腹部のふくらみは出産後に正常に戻った。

樹洞巣の床には、スギの樹皮を口で細かく裂いた巣材が厚く敷いてある。妊娠中や子育て中のメスは、はがした樹皮を口にくわえて頻繁に持ち帰る（**写真9-1**）。明け方近く、活動を終了する直前に、巣の近くにある特定のスギで巣材を集める。

出産日に、前に産んだ子どもが同居することがある。子どもが母親のなわばりに滞在していた一五例のうち六例の出産で、生後六カ月か一年の子どもが一頭か二頭、母親と同居していた。大きくなった子どもが巣内にいても、母親は追い出すことなく、出産した。生まれたばかりの赤ん坊が巣の中で踏みつぶされないのだろうかと心配になる。前に産んだ子の鼻に出産時の鮮血がついていたこともあった。

子どもの成長と子育て

一四頭から妊娠期間二五例を得た。妊娠期間は七二～七六日間の幅があり、平均は七四・六日であった。

七四日間という長い妊娠期間は想定外であった。妊娠期間が七〇日以上であることが推定されるまで、かなりの日数がかかった。なぜなら、樹上棲リスの妊娠期間は四八日以下である（Hayssen 2008）。最長はミミゲモモンガの八〇日（Wang 1985）で、二番目に長いのが七四日のムササビである。

一回に産む子どもの数（産仔数）は一仔か二仔である。ここでの産仔数とは、巣穴から顔を出した子どもの数を指す。巣穴から顔を出すまでの死亡は含まれないし、出産前の胎仔が死亡することもあるだろう。岸田久吉（一九二七）はメスを解剖して、胎仔は二仔が多いが、しばしば三仔があると記している。しかし、その後八〇年間に幼獣が多数保護されたが、三仔の例はなかった。最近になって、三仔を出産した例が見つかった（川道・横濱 二〇〇八）。

出生直後の赤ん坊は、眼も耳の穴も開いていていない。到津《いとうづ》の森公園で一仔が生まれた当日の写真では、体表に毛は生えていないが、皮下で毛が成長中で皮膚は薄黒い。生まれた日の体重は三四gであった（到津の森公園 二〇〇六）。屋根裏に寝泊まりする野生のムササビが二仔を出産したが、出生二四時間以内で頭部から肩にかけて体毛はわずかに生え、体重が四四gと四七gであった（藤原陽一氏私信）。

ムササビの幼獣は、体毛の成長、指と指との分離、耳の穴の開口、開眼、歯の萌出、という形態の変化が、体重の増加とともに起こる。行動面からは、巣からの外出、授乳終了（離乳）、採食開始、滑空の開始という一連の変化が起こる。身体の発達は飼育下でなければ記録できないが、巣からの外出開始日や滑空開始日などは野外観察でなければ得られない。飼育下の身体上の発達と野外の行動観察はともに重要で、お互いに補いあう。

◉母の行動から子の成長を推測

自然観察では、子どもが誕生してから巣の入り口に顔を出すまでの期間、子どもに関してはブラック・ボックスである。しかし、母親の巣の出入りに関するデータはとれる。夕方の最初の出巣時刻は、出産後はかなり遅いが、少しずつ通常の出巣時刻に近づく。

徹夜で子どものいる巣を見続けると、母親が授乳で巣に戻るリズムが得られる。母はひと晩に一時間以内の外出を数回繰り返す。しだいに一回の外出時間がのび、一回の巣内滞在時間が短くなる。これには、子どもの体毛が成長して体温保持がしやすくなることと、一回の母乳の吸飲量が多くなって頻繁に授乳する必要がなくなることが要因にあげられる。夕方に出巣したきり、明け方までに一度も戻らない母親も出てくる。夜間に巣へ戻らなくても、日中は母子でともに過ごすので、授乳が終了したわけではない。

母親は採食を終えるとすぐ巣に戻り、子どもとともに過ごす。マツの実をくわえて巣へ戻ることもある（**口絵⑦**）。母親は樹洞巣に帰巣した際、尾だけはしばらく（一〇秒～六分）、入り口の外へ垂らしている。上下逆さまの姿勢で子どもを毛づくろいする様子を、樹洞の割れ目から観察できた。樹洞が深い巣と建物の巣では、尾を垂らすことはなかった。

◉子どもの開眼

子どもにとって大きな出来事は開眼である。子どもが自発的に巣の入り口から顔を出すまでの期間、母親が口にくわえて引っ越すときにだけ、子どもが開眼か閉眼かの状態が判断できる。巣内にＣＣＤカメラを入れた観察では、生後二七日では閉眼で、別の個体は生後三〇日に巣内で細目を開けていた。巣の割れ目から、生後三六日目の開眼した子どもが入り口へ向かおうとしているのが見えた。

群馬県の教育施設に勤務していた横濱元巳さんの映像記録では、双子の一頭の開眼が生後二八日目、もう一頭が三三日目で五日間の差があった（川道・横濱 未発表）。片眼が開いたのに、他方の眼の開眼が数日遅れることもあった。動物園で母乳で育った一仔の両眼の開眼は三六日目であった（浜田 二〇〇〇）。その開眼日に体重は三四五ｇであった。前述の藤原氏の二仔は生後二八日目にはすでに開眼し、体重は二仔とも一八一ｇであった。これらの情報から、開眼は生後二八～三六日である。開眼日と開眼日の体重にばらつきはあるが、子どもの成長段階の指標として開眼日は重要であるし、行動面からも大きな転換点になる。

盛り上がった眼球を覆う薄い皮膚に、上下の瞼に分かれる予定線が左右に横切り、そこが裂けて開眼になる。開眼前の幼獣を牛乳で育てたときのことである。瞼の予定線にわずかな裂け目ができ、下から黒い眼球が見えたので、私が親指と人差し指で予定線を上下に軽く引っ張ると、まるでジッパーを引くように、するすると開眼してしまった。

樹洞の割れ目から内部が見える巣では、母親が子どもを毛づくろいする様子や、開いたばかりの小さな眼の反射がちらちらとのぞける。開眼しても、爪の力はまだ弱く、垂直の樹洞の壁を入り口まで這い上がれない。巣床から樹洞入り口までの高さと、壁の傾斜の違いによって、入り口から顔を出す日齢は少しばらつくかもしれない。

樹洞から顔を出すのは生後四〇日目からである。顔を出す時刻は必ず深夜である。毛はすっかり生え、黒い瞳が、ぬいぐるみのようである（**写真9-2**）。一度顔を出すと、かなり長い間、樹洞より顔を出して外の世界を見ている。少しずつ早い時刻に顔を出すようになるが、樹洞より体全部が外に出るのはまだ先のことである。この頃には、入り口の周囲のにおいをかいで、周囲の木部を少しかじったりする。

◉引っ越し

子どもがまだ外出できない時期に、母親は頻繁に引っ越しする。母親は子どもを口にくわえて、四～七日ごとに引っ越すようである。出産日の翌日に引っ越したこともあった。子どもを運んでいる最中を撮影すると、母親は子どもの太もも付近をくわえている。首の部分をくわえる姿勢はなかった。運ばれ

写真9-2　外出を開始した幼獣は、ぬいぐるみのよう。このまま大きくならなければ……。

ている最中、子どもはおとなしくしているが、もがくように少し動くこともある。

グレーテルは同じ木の上下にある二つの巣を、子どもをくわえて繰り返し移動した（口絵⑭）。遠くの巣へ引っ越すときは、一頭を口にくわえて滑空し、すぐに元の巣に戻って二頭目をくわえてくる。子どもの体重分だけ滑空高度が低くなり、いつもよりは幹の低い位置に到着する。

引っ越しをする理由はわかっていない。メス成獣は同じ巣をかなり安定して使うため、頻繁な引っ越しは子どもを移動させるのが目的である。子どもの引っ越しは、エゾシマリス・ニホンリス・エゾリスでも見られる。引っ越しするのは、寄生虫を避けるためとか、捕食者に見つからないためという理由は説得力がない。ムササビの各メスが使う巣は少なく、どこの巣へ引っ越しても寄生虫が待っているだろう。引っ越しすることで子どもが母親の使う巣場所を知り、もう少し成長して母親との同居を解消するときに役に立つだろう。

◉子どもの採食開始と外出

子どもが採食するのは、最も早くて生後四七日目に見られた。動物園では、生後四五日目に葉を食べた（浜田 二〇〇〇）。巣の木が食物を提供していれば、滑空しなくても食物が手に入る。しかし、巣に多く利用されるスギが提供する食物は、樹皮、雄花、針葉であり、あまり好まれない。次に重要な営巣木であるイチイガシやマツであれば、花・雄花・新葉・種子が滑空せずに手に入る。巣の木がムササビの好む食物を提供する樹種であるかどうかによって、生後何日目から採食を開始するか、滑空を開始するかが違ってくるだろう。

子どもが巣から外出を始める時期は、冬の交尾で生まれた春子が四月中旬、初夏の交尾による夏子が九月下旬からであった。これらの時期は食物が一年間で最も豊富な時期であり（第3章）、年二回の交尾期は、食物の豊富な二つの時期に子どもが採食を始めるようにさかのぼって決められていると考えられる（第8章）。そのため、外出を始めた子どもはおいしい食物にすぐにありつける。

巣内の母子を撮影する

巣の中で母子はどのように過ごしているのだろうか。ＮＨＫの番組制作に協力して、ＣＣＤカメラを樹洞に入れて撮影したときである。母親が出巣するのを待って、急いでカメラを樹洞に入れた。採食を終えて母親が戻るまでの短い時間に撮影を終えなければならない。深い樹洞の底で横たわる閉眼の二頭の子どもをカメラが捉えた。ノミが何匹も顔の上を走り回り、子どもたちはしきりに後足で掻いていた。そのシーンは、岡部総ディレクターが指揮をとった動物番組、地球ファミリー「空飛ぶリス　ムササビは地上を歩かない」で、一九九一年一月に放映された。ビデオでも発売されて、各地の図書館などで保管されている（NHK 1991）。

新しい生命が誕生する出産。地上に産み落とすサルやシカでも、出産の瞬間を目撃するのは難しい。ましてや人目につかない巣の中で出産する齧歯類《げっしるい》では絶望的である。樹洞で子を産むムササビの出産は外から観察できないし、繁殖に成功した動物園でも出産の瞬間を見た人はいない。唯一、出産の経緯をビデオ録画したのは、ナチュラリストの金澤秀次氏である。

金澤秀次氏は福島県矢祭町にある屋敷林に巣箱を設置して、巣箱内部をビデオカメラで撮影した（第4章）。屋敷林のメス悠は繰り返し繁殖した。一回の出産については、出産直前から新生仔を見るまでの経緯がビデオテープに録画された。三月二七日、出産日の朝に帰巣した悠は、巣材を熱心にひっくり返した。悠は腰を折り、うつぶせ姿勢でいることが多く、夕方に新生仔の鳴き声が聞かれた。悠はときおり頭をしきりに動かしていた（子をなめるような動き）。悠が姿勢を変えるたびに、新生仔が鳴き声をあげた。出産後初の外出は遅く（二二時二七分）、一時間ほど活動して帰巣（二三時二〇分）、二八日二時四三分に再び出巣し、一時間後に帰巣した（三時四三分）。

金澤氏のデータでも、年二回の繁殖、前回に産んだ娘と同居しながらの出産、出産前の出巣時刻がしだいに遅れ、出産日に極端に出巣が遅くなる点は、私の観察と一致した（金澤・川道二〇一一）。

横濱元巳さんは、教育施設内に巣箱を設置して、巣箱内部をＣＣＤカメラで撮影して録画を試みた。ＡＣ電源のコードを延ばし、明るい昼間はカラーで、夜間は赤外線を投射して撮影した。巣箱には母親と幼獣二頭と、巣箱に同居する若メスがいた。その大量の録画を分析する機会を得て、巣箱内の母子の行動が初めて浮かび上がってきた。

明るいうちは、二頭の幼獣は仰向けになった母親のお腹の上を這い回って、乳を飲む。夕方になると、母親は数回、巣箱入り口から外へ顔を向けて寝床に戻る。辺りが暗くなったかを確かめているのだろう。

出巣する直前、母親は口で巣材を引っ張って、子どもたちの上にかけた。子どもたちの姿が見えなくなるほどではなく、子どもたちも巣材を避けるような動きをする。出産後一七日目まで巣材をかけた。

その後、母親は出巣前に子どもに巣材をかけなくなったが、子どもの体毛は十分に伸びていた。体毛の成長が十分でなく、体温の保持が難しい時期に、巣材をかぶせる効果はあるのだろう。とくに春先の出産時は、気温が低い。捕食者から姿を隠す働きもあるかもしれない。

母親の出巣後、眼の開いていない幼獣は活発に寝床を歩き回る。しばらくして二頭は体を丸めておとなしくなる。そのときは二頭が体を接している。お互いに温かい体温を感じたところで動きを止めるという様子である。その後は少し動いては再び体を接して動かずにいた。

そこへ母親が戻ってくる。直ちに子どもを毛づくろいしてから、仰向けになると、子どもたちがお腹の上で乳を飲む。その後、母親は二仔の陰部を熱心になめて、尿と糞をなめとる。子どもたちは乳を飲み、排泄をすますと、おとなしくなる。授乳後、母親はうつぶせになり、暖かい飛膜を広げて子どもにふとんをかぶせるようにして母子ともに休息を始めた。

子どもは開眼すると、さらに活発に寝床を歩き回る。開眼後に初めて見せた行動は、入り口のある巣箱の壁に前足をかけて立ち上がる行動である。丸く切り取られた入り口から見える外界に関心をもち始めたのだ。開眼前には後足で立ち上がる行動は一度も見られなかった。地下巣で生まれたエゾシマリスの子どもは眼が開くと、巣穴入り口まで歩いて来て外界をじっと見る（川道・川道 一九八四）。しかし、垂直の壁がある樹洞では、開眼して外界に興味をもっても、樹洞の壁を這い上がる力が手足についていない。

滑空を始める

生後六〇日目、ついに外出する日が来る。母親が外出中の深夜に、子どもは樹洞入り口の外へ体全体を出す。危っかし気に幹を少し登り、枝の付け根などで動かずにいて、しばらくして巣に戻る。頭を下にして降りる行動は、登る行動よりさらにぎこちない。いつ落ちるのかと、見ている方がハラハラする。子どもが転落するのは、この時期が最も多いと考えられる。

しだいに子どもの外出時刻が早まり、母が出巣して数時間たつと外出を始め、足取りもしっかりしてくる。しかし、まだ動きはぎこちなく、枝から足を踏み抜いて、あやうく両手でぶらさがることがよくある。子どもはまだ滑空しないので、巣のある木の上部で動かないまま過ごす時間が長くなる。子どもは自分で巣に戻るか、戻ってきた母親の後を追って巣に入る。

さらに成長すると、母親が夕方の出発前に、入り口から母親と子が交互に、または同時に顔を並べる（**写真9-3**）。母親だけが出巣して登っていき、子どもは見上げて母親を見送る。この頃になると、母親が出巣後しばらくたつと子どもも出発する。

日がたつにつれて、子どもは巣の木の上方で滞在する時間が長くなり、母親が授乳に戻ってくると、双方から近づいて合流する。母親は子どもの背中や尾を少し毛づくろいしてから、母親が巣へ戻り始めると、子どもは母親の後にぴったりついて巣へ入る。巣の中で授乳が行われ、その後に母親だけが外出する。

写真9-3　入り口から母親と子が交互に、または同時に顔を並べる。

◉子どもの滑空

子どもが巣の木から滑空するのは、かなり後になってからである。空間に身を投げるのは、やはり勇気がいるのだろう、子どもはなかなか滑空しない。まだ滑空したことがないと思われる子どもを、母が巣の木から隣の木へ移動させるときや、母子が連れだって移動中に高い梢から滑空するときに、しりごみする子どもに母親は滑空を促す。

滑空しようと母子が枝先に来ると、母親は子の後頭部や背中を毛づくろいしてやり、それから母がさっと枝先から滑空すると、子どもが思いきったように真っ暗な空間に身を投げる。子どもが躊躇していると、母は飛んだ先の木で「グィー」と、子どもへ向けて滑空を誘う鳴き声を出す。この声は交尾日にメスに追従してこないオスに向けてあげる声と同じようである（第6章）。

幅広い道路の上を飛びこすのを、子どもがためらったことがあった。滑空して先に着いた母は、子どもが滑空しないので、子どものいる木に滑空して戻り、子どもを毛づくろいした。それから母親が滑空すると、子どもも見習った。子どもが不安定な滑空をして落下気味に母とは別の木に着くと、母はすぐその木へ滑空して子どもに近寄るなど、母は子どもに気を使う。

あるとき、営巣木の梢にいる子を母が巣へ戻らせようとしていた。母が子を毛づくろいして、先に巣に入り、入り口から顔を出して子が来るのを待っていた。子どもが降りてこないので、母は巣を出て子どものそばへ戻り、毛づくろいして、母が巣で待つという行動を繰り返した。子への毛づくろいは、母に追従しなさいというサインである。

◉母子そろって外出

子どもが自由に滑空するようになると、夕方に母子そろって外出する（口絵③）。子どもは母親と別行動をとるが、一haの母親のなわばり内で移動するから、母子が外出中に出会う機会は多い。母子が出会うと、ときどき授乳が見られる。子どもは首を伸ばし、乳首に口を向ける。乳首は六個あるから、あっちの乳首を吸ったり、こっちを吸ったりする。そのとき母親は子どもの背中を毛づくろいする。この巣外での授乳は生後一〇三日目まで見られた。

授乳期間は、さらに長期間であることがわかった（金澤・川道 二〇一四）。金澤氏の記録では、生後三～五カ月間、授乳する。授乳が見られた最終日に、母親は嫌がる子どもを押さえつけて授乳するので、子どもが乳の出ない乳首をくわえているのではない。おそらく授乳期間が過ぎた子どもは、口を乳首に向けずに、母親の口元へ伸ばす。食物をねだっているように見える。しかし、子を失うと、まもなく乳首が黒ずんで体毛に隠れるようになる。子を失った母親は夜間に巣に戻ることもなくなる。

明け方近く、帰巣するために移動中の母子に頻繁に出会う。母親は常に先導する。母親が滑空すると、一頭か二頭の子どもは次々と後を追う。巣までの繰り返しの滑空は、幻想的でさえある。あとひと飛びで巣の木に届く梢に母親がいて、下から登ってくる子どもたちを待つ。反射する眼球の大きさから、成獣と幼獣の違いははっきりわかる。私が巣の近くにいるせいか、母親と子どもはしばらく梢にとどまっていた。母親が思いきったように滑空すると、子どもは間をおかずに滑空し、巣に帰ってきた。巣の木に到着したとたん、躊躇せずに樹洞に姿を消す。それが合図であるかのように、辺りが白んでくる。

子殺し

交尾のときはあれほど熱心だったオス成獣は、交尾が終るとメスにまったく関心を示さなくなる。夜間にオスが子どものいる木に来ることがあるが、巣の入り口から樹洞をのぞきこんで、あわてたように去る。

子どものいる巣穴のそばの枝で、オス成獣が何か黒いものを両手に抱えて噛んでいた（一九七九年四月一二日一九時五六分）。私がこのオスを驚かせたので、オスは黒いものを落とした。それは開眼前のメスの幼獣であった。まだ体は温かかったが死んでいた。全身四〇カ所以上が鋭い歯で裂かれていたが、食べた形跡はない。子殺しの観察は九年に及ぶ調査で、この一例だけであった。この巣は観察地域のはずれに近く、このオスはこのときに初めて見た個体であった。

その後、オス成獣が子どもを繰り返し攻撃したり、噛みついて子どもの毛をむしったりするのを四例観察した。いじめられた子どもはすべてオスであった。睾丸が発達してきた若オスが交尾期に消失する（第10章）のは、若オスと行動圏を重複させるオス成獣が追い出したという推測を支持する観察である。メス成獣がかなり成長した自分の子どもをいじめる行動は観察されなかった。

同種内の子殺しが多くの哺乳類で報告され、社会生物学的に説明づけられている。ムササビの子殺しや子どもいじめが社会組織の中の一つのシステムとして機能しているかについては、まだ不明である。

第10章　子どもの独立

同居するのは誰？

樹洞巣のある木の下でムササビの出巣を待つ。その巣から一頭が出てくると思いきや、ぞろぞろと三頭が顔を出すことがある。複数の個体が一緒に泊まる同居は、母親とその子どもたちである。一回の出産で生まれる子は一頭か二頭なので、母と二頭の子の合計三頭が泊まることは、よくある。さらに、前回に産んだ子（前腹の子）までが加わり、最大四頭の同居も起こった。同居の組み合わせは、さまざまである。ひと腹の子どもの数が一頭か二頭か、前に生まれた兄・姉が居るか、居るとすれば一頭か二頭か。子どもの雌雄の違いはさらに組み合わせを複雑にする。

ほぼ同時に次々と顔を出してくれるとよいが、一頭が出巣した後、しばらくたってから別の一頭が顔を出すこともある。通常、最初に出巣した個体をすぐに追跡するから、後に顔を出した一頭は記録されないままになる。しかし、出巣した個体を追跡せずに、同居相手がいるかどうかを知る目的だけで、最もデータのとれる活発な時間帯に巣の木でとどまるのはつらい。
子どもは性成熟するまで母親としばしば同居するので、母親と睾丸の発達してきた息子が同居することがある。オスとメスの二頭が同じ巣から出てきたので、ムササビは夫婦でいると、観察者に誤解されたことがある。メス成獣が血縁関係のないオス成獣と一緒に巣に泊まることは、交尾日であっても決してない（第6章）。

離乳するまで母子は同居を続ける。その後、授乳期が過ぎた子どもたちは頻繁に母親と同居するが、母親と別れて別の巣に泊まることもよくある。母親のなわばり内には他にも巣がいくつかある。明け方に母親と連れ立って帰巣しないとき、子どもたちは早朝に入る巣を気ままに選択するという感じである。そのため、鳥類の「巣立ち」のような成長を区切る段階はない。

仲のよい兄弟

若い個体は大きく成長し、見た目には成獣と変わらない。しかし、母親と並ぶと、成獣の三分の二くらいの大きさしかない。背中の毛は成獣より黒っぽい個体が多く、毛に艶がある。年齢を経るにつれて毛色は茶色になるが、ハラグロのように黒いままでいる個体もいる。尾は成獣よりふんわりしていて、毛並みがきれいである。しかし、外部生殖器はまだ小さく、性成熟はしていない。

双子同士はとても仲がよい。生後六カ月ほどの二頭が同じ木にいたとき、一頭が弱い声で「ググッ」と鳴いて、相手の後を追い、隣の木の太枝で二頭がぴったりと体を接触させて並んだ。ちょうど一歳で睾丸がふくれてきたオスは、同腹と思われる若メスに面白い行動をした。オスが食べていた木にメスが来ると、オスは尾をくねくねさせてメスに近づいた。二頭は口をつけあうように接し、オスが乳をせがむような姿勢でメスの腹の下に入ろうとしてから、メスの背中に乗った。オスはスラストの動きはしなかった。メスは「クークー」鳴きながらも、マウントを許した。後に、去ったメスをオスが追い、別の木で二頭が並んでいた。

仲よく並んでいる若い二頭でも、体の大きさが少し違う場合がある。オス同士では、外から見て陰嚢になるべきスペース（尿道口と肛門の間）の大きさが違う。狭い方が生後約六カ月、広い方がその一つ前の繁殖で生まれた生後約一二カ月である（**写真10−1**）。メスでは、外部生殖器の大小のサイズの違いから、直近に生まれた個体か、一つ前の繁殖で生まれた個体かが判断できる。

母の泊まる巣に同居する子どもたちは、狭い樹洞内で重なりあって休息する。母親とふた腹の兄弟・姉妹は、お互い嫌がった素ぶりはまったくない。CCDカメラでのぞくと（第9章）、巣箱の中で母親は自分と同じくらい大きい娘を、頻繁に毛づくろいした。娘も母親を少しだけ毛づくろいした。まだ乳を飲んでいる幼獣は、巣箱の中で母親と若メスとを区別していて、若メスの体に乗って乳を飲もうとはしない。

写真10-1　兄（左）がシイの実の房をとると、弟（右）が横取りした。とても仲がよい。睾丸の発達の違いに注意。

大きくなった子どもは森の中で母親と出会うと、子から母親へ接近し、母親か子どもが相手に毛づくろいする。大きく成長しても子どもへ毛づくろいを施すことや、子どもが母親を毛づくろいすることに、母子の絆の深さを感じた。

別の腹同士の二頭は一緒に行動することが多い。若い方が、兄・姉の後を追従する。ある兄弟は仲がよく、母と一緒にいるよりは、兄弟で連れだって採食した。兄がシイの実の房をとると、弟が横取りした（**写真10-1**）。二六回も横取りされた兄は、それでも弟を攻撃せず、横取りされると、自分で別の房をもぎとった。

別の兄弟では、巣から母親と兄弟が出てきて、入り口近くで兄が弟にマウントして前後に揺さぶる行動が見られた。兄の睾丸は未発達であった。弟が兄から抜け出すと、今度は母親が弟を毛づくろいした。ふた腹の組み合わせでは、オス同士でもメス同士でも仲がよかった。

成獣に近い大きさになった子どもの滑空範囲は、母親のなわばり範囲内にほぼ限られる。母親のなわばり境界を認識しているのか、母子の連れ立ち行動で慣れ親しんだ母親の滑空コースをなぞっているのだろうか。若メスが母親のなわばりを少し越えて、隣のなわばりに侵入したときは、隣のメス成獣に激しく追われた。少なくとも若メスは、このような経験を経て否応なく境界を認識させられていくだろう。

睾丸の発達

生まれてから性成熟するまで、オスの睾丸と陰嚢のスペースはゆっくり発達していく。六カ月間以上観察した若オス二五個体について、性成熟する月齢を調べた。二～二八月齢まで睾丸と陰嚢の発達を九三回目測し、フルサイズから未発達までの五クラスに分類した（**図10－1**）。フルサイズ、四分の三～二分の一サイズ、睾丸の発達初期、陰嚢部分のスペースの拡大、未発達の五クラスである（Kawamichi 1997b）。

まず、陰嚢にあたる部分のスペースが広がる（七・五～八・五月齢）。しかし、陰嚢のふくらみはまったくない。八月齢以降に陰嚢がふくらみ始める（八～一三月齢）。九月齢以降、睾丸は一八月齢までしだいに大きく発達していく。二一～二三月齢になった後の交尾期から、交尾騒動に参加した。つまり、

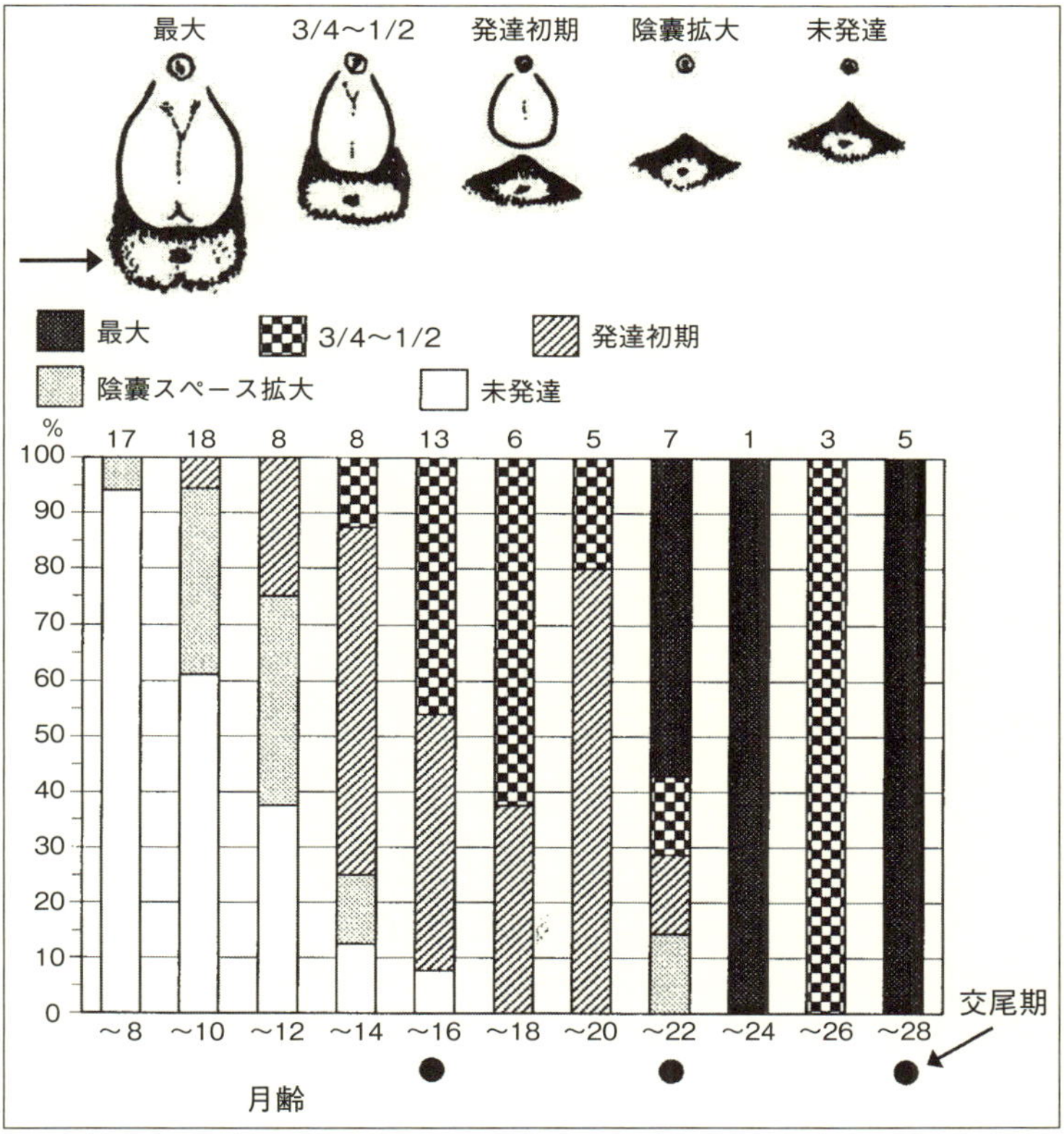

図10–1　睾丸の発達は、未発達の状態から陰嚢のスペースが拡大し、その中で睾丸が発達していく。
上図は発達の５段階を示し、肛門の左右に交尾栓分泌腺が発達する（矢印）。下図は月齢にともなう５段階の比率で、21〜22月齢以降に睾丸が最大になる。交尾期（●）には発達が進行する傾向がある。出生日は春生まれが３月１日、夏生まれは８月15日とした。各棒グラフの上段の数値はサンプル数（Kawamichi 1997b）。

二一〜二二月齢以降または約二歳で性成熟に達する。

睾丸の発達状態は、成長にともなう変化だけでなく、交尾期の影響を受ける。交尾期には、非交尾期より睾丸の発達している比率が高い。夏生まれの夏子は、春生まれの春子よりも睾丸の発達がやや早かった。夏子は離乳後の食物が種子・果実であり、春子は花・若葉であるから、この違いが初期成長に影響するのかもしれない。

一方、メス一九個体の性成熟する月齢を調べたが、母親のなわばりに滞在中の娘には発情・交尾が観察できなかったから、性成熟は九〜一〇月齢以降に起こる。和歌山県から我が家に来たムチャビは、八月生まれで、生後一年四カ月で初めて発情した。福島県で金澤氏が観察する悠は、ちょうど二歳で初出産したから（金澤・川道 二〇一二）、生後約一年一〇カ月で交尾した計算になる。メスの例は少ないが、オスより性成熟が早いようである。

成獣の睾丸は六月中に縮小し、七月中はほぼすべてのオス成獣の睾丸は外からは存在しているようには見えず、陰嚢は風船が萎むように縮む（第8章）。ちょうどこの時期に、一歳のオスは生まれて初めて睾丸がふくらんでくる。七〜九月の夏季は、観察者がしっかり確認しないと、老若の区別も、雌雄も見誤りかねない。

子どもの独立過程

子どもが巣の入り口から顔を出し始めてから、双子が一頭に減ったり、二頭とも消失したりする事件が起こらなければ、生き残った子どもは母親のなわばり内で成長を続ける。母のなわばり内に七カ月以上滞在した子どもは一六頭いた。子どもの独立は三段階を踏む。(1)母乳からの独立（離乳と採食開始）、(2)母親のなわばりからの独立、(3)定着、である。

(1)の段階では、母親が夜間に授乳の帰巣をしなくなり、活動性は通常に戻る。生後六〜七カ月になると、母親は次の出産をする。その瞬間、子育ての主な対象が赤ん坊へ切り替わる。それでも、兄・姉になった若い個体は母親のなわばり内に滞在できるし、頻繁に母親と同居して、体温の保持や毛づくろいを受ける。広い意味で、母親の保護は続く。

(2)の段階では、子どもの性別によりたどる運命が違ってくる。娘は生後一年七カ月以内に母親のなわばりから全員が消失した。娘は滞在中、母親から攻撃を受けた観察はなかった。娘は自発的に母親のなわばりを出るのか、娘が性成熟を契機に母親と対立するのか、未解決である。

睾丸がふくれてきた若オスは、母親のなわばり内に滞在しながら、なわばりを訪れたオス成獣を追いかけたり、逆に追われたりする。一歳を超えた若オスが消失した時期は多くが交尾期であった。このことから、オス成獣は交尾期に同性に対する攻撃性が高まり、発情が近づいたメスのなわばり内にいる母親の息子に対して攻撃的になり、やむなく息子が母親の許を去ると推測する。

息子の睾丸がふくれ始めても、母と息子は仲がよい。したがって、母親が息子を追い出すとは考えられない。この息子もそろそろ消失する時期を迎えたな、と思っていた頃、母親のなわばりと行動圏が最も重複していたオス成獣が消失することが起こった。このオス成獣は息子に追い出されたかもしれないし、別の原因で消失したかもしれないが、ともかく息子はさらに滞在を続けた。

(3)定着の段階では、調査地はすでにメスのなわばりで埋めつくされており、定着できる空き地はない。オスもいくつものオスの行動圏が重なりあっている。では、母親のなわばりを去った若者はどこへ行ったのか。新定着した個体は調査地から消失した若者に似ているものの、傷が少なく、わずかな手がかりで個体識別してきたので同一個体と断定するのを躊躇する。それでも、確実な定着先がわかった例がある。

①調査地で育った若オスのうち、少なくても数頭は定住していたオス成獣と入れ替わった。

②母親のなわばりと大きく行動圏を重複させていたオス成獣が消失すると、その母親の息子は育った地域に住み続けた。

③なわばり制をもつメスでは、なわばりの入れ替わりから誰に追い払われたかがわかる。追い出された例は四例、なわばりを分割して定着した例が五例あった。いずれも娘は関与していなかった。その他に、メス成獣が消失すると、そのなわばりを隣接のメスが吸収した例は二例あった。

④娘が母親のなわばりの一つ隣に定着した例があった。五月五日朝には母親と娘が同じ巣に同居していた。この若メスが一つ隣のなわばりへ侵入したのは、六月五日に初めて確認された。侵入先のメス成獣の最後の目撃は二カ月後の八月一日であった。このようにして、この若メスは定着に成功した。

⑤母親のなわばりを離れた若メスは、あちこちでメス成獣に追われていた。あるメスはいくつかのなわばり境界を定着の橋頭堡《きょうとうほ》として、両側のメス成獣に追われながら、なんとか定着しようとしていた（第5章）。

近親交配を避ける

◉母と息子

息子は性成熟しても、日中ときどき母親と一緒に巣内で休息する。母親の交尾日、この息子は交尾騒動に参加しない。それどころか、母親の交尾騒動中に母親と同居することすらあった。息子は母親に集まってきたオスたちとけんかするが、熱心ではない。もちろん隣接メスとは交尾するから、母親に対しては交尾する衝動が起きないのだ（五組の母–息子で確認）。

象徴的な出来事が起こった。母親の交尾日に、性成熟した息子が母親へ接近した（**写真10–2**）。息子が交尾しようとするのか、それに対して母親がどのように振る舞うのか、固唾《かたず》を飲んだ。息子が母親の横に並んだら、なんと母親は息子の毛づくろいを始めたではないか。息子は母親にマウントしようとする気はまったくなく、少しうつむいて毛づくろいを受けていた。未成熟の頃の母子を彷彿とさせる光景であった。母親にマウントすることの心理的障壁が生じるのであろう。

この息子の行動圏は母親のなわばりと少しずつずれていき、隣のメスとかなり重複するようになった。

母親のなわばり中心に滞在していては、息子はどのメスとも第一交尾オスにはなれないだろう。実際、この形で定着した息子は、周辺のメスたちの交尾日に第一交尾オスになった例はなかった。

写真10-2　交尾後のメス（中央）の左横に、息子が並ぶ。性成熟している息子は他のメスと交尾するが、母親とは交尾しない。下端で交尾を終えたオスがペニスをなめている。

◉父と娘

若メスは父親の行動範囲を越えて遠くに分散するから、自動的に父－娘の交配が妨げられている。交尾日に数頭のオス成獣が母親と交尾するから、若メスと出会っても、交尾の記憶からは自分の娘であるとの認識は得られないだろう。しかし、容貌や行動から、自分の娘であるとの血縁の認知ができる可能性はある。

我が家に幼いオス（ムサシ）とメス（オツウ）が同時期にやってきた。ムサシは営巣木の下に落ちていた。ほどなく別の営巣木から落下してネコに襲われたオツウを救出した。それぞれの母親は一㎞ほど離れて住んでいた。ムサシは片眼だけが開き、オツウは両眼が開いていた。二頭に牛乳を飲ませて、ティッシュペーパーでこすって排泄させた。二頭は一つの巣箱で仲よく育ち、性成熟しても同じ巣箱で暮らしていた、まるで同じ母親から生まれたかのようであった。

いよいよオツウが発情する機会が訪れた。オツウの外部生殖器は完全な五円玉になり、交尾日を迎えた。しかし、ムサシはオツウに近づこうともしなかった。二頭は両親が異なるのに、ムサシは同じ巣箱で育ったオツウには性衝動が起きなかった。同腹の異性同士でも近親交配が起こらないと推測できる例になった。

寿命と捕食者

◉寿命

ムササビは長寿命の齧歯類《げっしるい》である。自然状態で生存したときの寿命と、飼育下での寿命とは同じではない。ムササビの自然状態での寿命を知るには、野外調査期間を十分に長くして、寿命を全うした個体が調査期間内に多く含まれなければならない。

一九七八〜一九七九年の一年間の前期調査と一九八三〜一九九一年の八年間の後期調査を通じて、最も長く滞在した個体は前期から識別したシルバーレディで、一〇年八カ月間滞在した。このメスを初めて識別したときはすでに成獣であった。次いで、シロテンが少なくとも一〇年生存した。他に五頭のメスは後期の八年間滞在を続けた。これらの個体の寿命は一〇年を超えることが予想できる。そのため、八年間の調査でも平均滞在期間を算出するには短すぎる。

オスの最長滞在期間は、ハンガンの九年間であった。次いで、ニセチャの七年五カ月間、タワー2の五年五カ月であった。新しく調査地に定着したオスはすでに睾丸が発達した成獣であったから、少なくとも二歳であっただろうが、一〜三年間滞在した。オスの滞在期間はメスよりもはるかに短い。

飼育下では、自然状態と異なり、食物不足はないし、捕食者もいない。寿命は自然条件よりは長くなる。九州大学グループの馬場稔氏から我が家へ来たメスのモモは、二〇歳四カ月で命がつきた。これはムササビの最長寿の記録である。晩年、白内障にかかったが、餌の場所はぼんやり見えていたようである。亡くなる直前に「チーチーチー」と、今まで聞いたことのない声で弱く鳴いた。

その他に、我が家で飼育した生まれ年が判明しているメス三頭は、それぞれ一八歳、一五歳、一五歳の一生であった。これらのメスの平均寿命は一七歳であった。一kgを少し超える程度でありながら、このように長寿命とは考えもしなかった。オスでは三歳六カ月に心臓麻痺で死亡した例と七歳七カ月の例があった。飼育下でもオスの寿命がメスに比べて、いかに短いかがわかる。

◉捕食者

ムササビを捕食する動物は、樹上でも活動する肉食獣のテンである。テンはかなり広い行動圏をもち、日中はムササビも泊まる社寺の天井裏に泊まり、夕方になって活動を開始する。泊まる場所は安定していない。テンがしばらく滞在すると、周辺でムササビの子どもが次々と消失した。テンは木を一本一本調べて、樹洞や建築物をチェックする。社寺林は樹木の密度が自然林より低いから、樹洞は容易に見つかるだろう。自然林の密生した林は、樹洞を見つける率を低くしているであろう。

金澤氏の屋敷林で、巣箱へ早朝に戻ってきたときに、生後三〇カ月の奈々がテンに襲われた（金澤・川道 二〇一二）。強烈な悲鳴を残して奈々が消えた後、残った母親悠と子の三頭は巣箱から三〇分以上、外を警戒し、寿々は外を見ながら「キュルルルル」と繰り返し鳴いた。不安であったのだろう、別々の巣箱にいた子ども二頭は母親悠の巣箱へ合流した。後日、テンの滞在中に寿々も消失したが、その早朝に二頭が巣箱に数分入らない異常な警戒ぶりを示した。これらの消失二例と同じような私の観察（第4章）から、早朝の帰巣時にテンに襲われる可能性が高いと思われる。

私の調査地は都市郊外の社寺林であるから、野良ネコとカラスがうろつく。ネコに襲われて死亡した現場を目撃したし（第6章）、オツウもネコに襲われたときに私が抱きかかえて守った。交尾騒動が起こると、ネコが騒動に惹かれて集まってくる。オス同士の争いで、オスが地面に落下すると、ネコがすっ飛んでくる。それに気づいてからは、交尾騒動があると、観察前に近くにいるネコをまず追い払うのが仕事になった。

カラスは夕方近くになると活発に鳴く。夜行性のムササビとは活動時間が重複しないが、交尾騒動が始まるとオスは明るいうちから出巣する。カラスがムササビを襲っているのを目撃した人がいた。そのためか、オスのムササビがメスの巣へ向かうときは、いつもの梢からではなく、中ほどの高さから滑空する。

幼獣がフクロウに襲われて地上に落ちたところを、ジャンパーでかぶせてフクロウを追い払った。シマヘビは樹洞巣まで登ってきたが、さすがに幼獣でも飲みこめないだろう。

◉その他の死亡原因

捕食以外の死亡原因として、樹上でオス同士がけんかしたり、墜落したりして（第6章）、オスは生命を失う危険度が高い。他に、ムササビは失明する個体が多いように感じる。樹木の茂みに高速で突っこむ日々で、枝で眼を突いて失明の原因になるのではないか。私の調査地で片眼の個体が六頭見つかった（第2章）。木の上で生活する哺乳類では、落下の危険性が死亡率に反映されるだろう。

繁殖戦略を変えたムササビ

鳥類や哺乳類では、孵化・出産したときの子どもの状態を、早成性と晩成性に二分できる。早成性とは、生まれたときにすでに眼が開いており、羽毛か体毛が生え、生まれてまもなく歩行できる。一方、晩成性とはその逆で、未熟な状態で生まれ、裸で眼は開いていない。

齧歯類は大部分の種《しゅ》が晩成性である。つまり、眼は閉じ、毛のない裸の状態で生まれる。晩成性のメリットは、ネズミのような体が小さくお腹の収容スペースが小さい種でも、産仔数を多くできる点と、妊娠期間を短くできる点である。未熟の子を産むため、温かく、捕食者に見つからない場所に裸の子を置いて授乳しながら大きく育てていく。その子育ての場所が巣である。

現生の齧歯類は四六八属二〇五二種が数えられる（Nowak 1999）。齧歯類は地球上の分布面積でも優勢である。さまざまな生態系に進出し、地上や樹上で生活するだけでなく、水中（ヌートリア）にも地下（デバネズミ）にも生活空間を広げた。砂漠（トビネズミ）や高山（チンチラ）のような厳しい環境にも適応している。齧歯類は種数が多いだけでなく、個体数が多い種が多い。とくにネズミ類は個体数が多く、ときには大発生する。齧歯類は、晩成性により繁殖力を増したために大成功したグループといえる。

一般的に不安定な生息環境では、短期間に子孫の数を増やす繁殖方法を採用し、好適な条件を逃さずに繁殖する。これをR戦略という。ネズミは短命だが、性成熟が早く、産仔数を多くし、短い妊娠期間で出産し、一年間に繰り返し繁殖する。哺乳類では、晩成性とR戦略は強く結びついている。

その反対の極にあるのは、早成性である。有蹄類《ゆうているい》（シカ、カモシカ）や海獣（クジラ類、アザラシ類）は典型的な早成性で、生まれたときには毛が生え（クジラ類を除く）、眼が開き、まもなく移動できる。産仔数は、ほとんどが年に一回しか出産せず、一産一仔である。そして、母子は結びつきが長い。このような安定的な繁殖をする戦略をK戦略という。一般的に安定した生息環境では、K戦略を採用すると言われる。

生まれたばかりのムササビは、閉眼で歯もなく裸の状態であり、間違いなく晩成性である。しかし、一般的な晩成性と大きく違う点がいくつかある。産仔数が少なく、妊娠期間が長いし、寿命が長い。ムササビでは、産仔数が一、二頭しかない。晩成性の子を産むのに、産仔数を増やせる長所を活用していない。それはなぜなのか。滑空性哺乳類は産仔数が少ない点が共通するので（Goldingay 2000）、滑空生活では産仔数を増やすことに不利益があると考えられる。まず第一に考えられるのは、多くの胎仔を抱えると妊娠メスの体重が増加して滑空や樹上移動に不利になる可能性である。

ムササビの妊娠していないメス成獣を約一一〇〇gとして、体重三四gで生まれる二仔の重さは母親の六・二%にあたる。ハイセンによると、リス科動物で出生時の一腹仔の総重量が母親の体重に占める割合の中央値は、地上棲が一六・一%、樹上棲が一一・四%、滑空性が九・九%である（Hayssen 2008）。一腹仔の総重量が地上棲で最も重く、滑空性が最も軽いことから、滑空生活者では産仔数を減らす方向に進化したのであろう。

ムササビの六個ある乳首は、かつて産仔数が多かった過去の歴史を示唆する。ムササビの晩成性も、おそらく齧歯類の古い祖先から継承されてきた性質であろうが、胎仔の総重量を減らす効果をもっているのだろう。そのうえで、滑空生活で産仔数を少なくすることを最優先するならば、メスが生涯で何頭の子孫を性成熟まで育てられるかが問題になる。性成熟した子孫の数は母親の遺伝子を広める担い手の数となるからだ。

子孫の数を増やすには、一年の繁殖回数を増やすか、寿命を延ばすか、二つの要因がありうる。ムササビの繁殖回数が年に二回しかない理由は、食物の季節変化に対応したものであった（第8章）。メスは一回の繁殖に、妊娠期間の七四日と子どもが外出して採食開始するまでの生後六〇日の合計一三四日間を費やす。一年三六五日に二回の繁殖はできるが、三回は不可能である。

そうなると、寿命を延ばすしかない。一頭のメスが生涯に産む子どもの数は、メスが性成熟後に八年間毎年二回二仔を出産したとして、三二頭の子孫を産む計算になる。そのうち性成熟まで生き残る子孫は半数以下であろう。さらに、母親から独立後に定着できて、繁殖に参加できる幸運な子孫は、どれだけ少ないことか。三二頭のうち数頭程度ではないだろうか。

乳離れした子どもたちを性成熟するまで無事育て上げることも、少産の母親が果たすべき役割であろう。母親は少産の子どもの死亡率を下げるために性成熟までなわばり内に滞在を許す。子どもは母親の保護を長期に受けるために性成熟を遅らせている可能性がある。なぜなら、性成熟する時期は、一・一kgの体重から予想される以上に遅く、五kg以上のマーモットやビーバー並みである（Hayssen 2008）。

ムササビは樹上棲リスの仲間では二番目に長い妊娠期間（七四・六日）をもつ。晩成性の未熟な子を産むために、なぜ長い妊娠期間が必要なのか、わかっていない。体重増加した妊娠期間が長いのは滑空生活にとってよいことではないが、母体重に対する六・二％の負担は大きくないだろう。

まとめると、齧歯類としての晩成性の基本的性質を受け継いだムササビであるが、反対の極にある早成性の種が採用する安定的な繁殖戦略（K戦略）を選択している。温帯から熱帯の森林に生息するムササビ属は、生息環境として安定しており、滑空生活の適応から少産が導かれたのであろう。少産が長寿命と子どもが性成熟まで母親に保護される社会組織を生じさせてきたのではないか、というのが私の結論である。

終章　ムササビ研究への道

ムササビの観察に九年間を費やした。一つの種《しゅ》の取り組みとしては、私の研究史で、最も長く、踏みこんだ研究であった。私は小学校時代から生き物が好きになり、中学と高校は生物部で活動、大学では生物学科動物学専攻に入り、大学院で研究者としてスタートした。ムササビの研究を始めるまでに、小学生から長い過程を踏んできた。その過程で、最終研究となったムササビ研究のきっかけになる理由があった。

◉昆虫少年

生物学者の第一歩は、小学一年生のときに母親に導かれて始めた昆虫採集である。小学一年の夏休み終わりに、自由課題で昆虫標本を学校へ提出した。蝶の翅《はね》を伸ばす展翅板《てんしばん》がなかったので、額縁の中に綿を広げ、押し花の周囲に翅をたたんだ蝶が花に集まっているように並べた。戦後まもなくで、富山県魚津に住んでいたこともあり、標本箱が手に入らなかった。母はガラス蓋のついた標本箱を大工さんに作ってもらった。朝に水田わきに置かれた誘蛾灯へ行くと、何匹ものカブトムシがしがみついていた。誘蛾灯に近づくときのわくわく感が今でも忘れられない。小学一年から六年まで、二学期の初登校日に欠かさず昆虫標本を提出した。

小学四年生からは東京へ移ったが、武蔵野市の井の頭公園へは頻繁に通った。散策路のすぐそばで、人に知られずにクヌギの樹液に集まるタテハチョウやカナブンがお目当てであった。オオスズメバチが我が物顔に振る舞っていた。あるとき公園で道に迷って出た場所には、周囲とは異質な洋館があった。誰もいない暗い洋館の中は、珍しい昆虫がたくさん展示されていて、別世界に来たようなとても不思議な気持ちに包まれた。平山修次郎氏所有の平山博物館であった。熱帯の大きなナナフシや奇怪な甲虫や、ヨナクニサンに目を見張った。

成蹊学園の中学に進学し、当然ながら生物部へ入部した。小学校時代は昆虫全般を対象にしていたが、中学校では関心が蝶類に絞られてきた。ギフチョウの飼育を産卵から成虫になるまで手がけ、夏には理科館屋上で、白い幕を張り徹夜で蛾類の採集をした。中学校に提出する書類にあった将来の職業欄に「生物学者」と書いたとき、決意で胸の高まりを憶えた。

成蹊学園の生物部は中学と高校の部室が同じで、夏には谷川岳にある虹芝《こうし》寮で合同合宿するのが慣例であった。谷川岳は麓の森林では金属光沢の翅が美しいゼフィルス属のシジミチョウが豊富で、尾根筋の草原では無数のベニヒカゲを追って網を振るった。

採集した日本産の蝶は一〇〇種を超えて、まだ採集していないのは主に高山蝶に限られてきた。保育社の『原色日本蝶類図鑑』は座右の書であった。まだ採集していない高山蝶が平地に生息する北海道に憧れを感じるようになった。この頃から、奥多摩などの山々を独りで歩き、奥多摩五万分の一の地図にあるすべての山道を踏破した。しだいに、山歩きに捕虫網を持たなくなっていた。

中学三年生になって、山岳部に入部した。

◉北海道をめざす

高校に入学してからは、登山に熱中した。北アルプスの全山を縦走し、山岳部主将として富士山の冬山訓練、乗鞍岳のスキー合宿をした。谷川岳は四季を通じて虹芝寮を中心に登山した。寮で使う皿を運ぶために、五三kgのキスリング・リュックを背負って雪の中をラッセルしたこともあった。

虹芝寮は谷川岳芝倉沢出合い近くにあり、旧制成蹊高校生が一九三二（昭和七）年に建設した山小屋である。

しかし、生物学者をめざす気持ちは萎えてはいなかった。高校二年の春山合宿を終えた三月、部活動をすべてやめて、大学入試の受験勉強に切り替えた。

生物学者になるには、理学部か農学部の生物学科に入学しなければならない。生物学科のある私立大学はわずかで、受験科目が多い国立大学が中心である。高山蝶が平地に住む北海道は、厳しい環境での山登りも魅力的であった。それが北海道大学に決めた理由であった。両親から離れて生活するのも希望していた。

◉北海道での山登り三昧

受験は北海道大学の一校だけであった。東京でも受験ができたので、一九六二（昭和三七）年、東京で受験した。理系の理学部、工学部、農学部の希望者は「理類」に応募する。合格であった。当時の国立大学は、年間授業料が九〇〇〇円、入学料が一〇〇〇円で、三人の姉・兄が私立大学に進学していたから、授業料の安さに父は喜んでいた。

四月初め、多くの友人が上野駅に見送りに来てくれ、特急はつかりに乗った。生まれて初めての北海道行きであった。早朝、青函連絡船が冷気に包まれた函館に着いた。函館発特急おおぞらの窓から、白んできた空に鋭い峰を突き上げる駒ヶ岳の雄大な景色に、これが北海道なんだという感情がわいてきた。「都ぞ弥生」の寮歌で有名な恵迪寮《けいてき》に入寮できた。建物も、運営も、明治で時間が止まっていた。旧制高校の蛮カラの気風があふれていた。

部員が「ルーム」と呼ぶ北大山岳部の汚い部室を訪れて、入部した。一、二年生の教養課程時代には、山登りに年間一五〇日から一八〇日近く費やした。下界での山登り準備を含めると、授業にはほとんど出ない状況であった。単位をとるのがやさしいと評判の授業をなるべく受けて、出欠をとる語学の授業だけはしぶしぶ、という二年間であった。クラスの友人は、明日はドイツ語のテストだよと教えてくれ、友人のノートを借りて一夜づけの勉強をすませた。大学でも一夜づけで試験勉強をすませることを憶えた。

北大山岳部での山登りはとてもユニークで、とくに夏山は日高山脈の沢を地下足袋《じかたび》にわらじを着けて頂上をめざし、頂上から別の沢を下るという旅を続ける。なぜなら、稜線には道がないからである。沢を下りながら、枝を折って釣り竿にして、岩魚《いわな》を釣る。素人でも面白いように釣れる。それが夕食のから揚げになる。沢音を聞きながら、焚き火に流木を継ぎ足して、夜の時間が過ぎていくのを楽しむ。他に冬のペテガリ登山、夏の黒部川遡行、谷川岳の一の倉沢登攀《とうはん》などを楽しんだ。

理類で入学したが、学部への移行は、教養課程の必須科目の成績順で、希望の学部・学科が決められる。しかし、現在とはまったく逆の状況で、理学部生物学科と獣医学部は、最低の成績でも行ける人気のない学科・学部であった。最も人気があったのは工学部建築学科であった。そのため、教養時代の成績にこだわる必要はなかった。山にいる間に、友人が生物学科希望の書類を出しておいてくれた。

◉地球一周ヒッチハイク

理学部生物学科は動物学専攻と植物学専攻に分かれていて、二年生の秋に動物学専攻へ移行した。いよいよ生物学者の第一歩を踏むと気を引き締めたが、授業の内容は小さい頃から描いていた生物学のイメージとはまったく違った。ホルマリン臭い薄暗い標本室で標本をスケッチしたり、黒板の文字をノートに写すだけの授業は、生き物を扱う学問とはほど遠く感じられ、苦痛であった。楽しいといえば、ふた夏の厚岸《あっけし》臨海実習で、自然に触れあえた一週間であった。

四年生の夏、卒業後の進路を決めないまま、独りで日本を離れた。パキスタンのカラコルム山塊を放浪する計画であった。当時は外貨持ち出し制限があり、五〇〇米ドルまでであった。パキスタンに着くと、ちょうど第二次印パ紛争が勃発した。ギルギットへ降りる峠から軍のジープに乗せられて下山させられた。

それからは、糸の切れた凧のように西へ。ほとんどはヒッチハイクの一人旅であった。ユースホステルでは、西から来たヒッチハイカーからさまざまな情報を集めた。トルコの首都アンカラからは南へ転じた。血液を売って得たお金を船賃にして、ベイルートからフェリーでエジプトへ。さらにスーダンに向かう船旅では、できたばかりのアスワン・ハイダムの船上で、村と緑のヤシの木が水面下に透けて見える幻想的な光景に出会った。

ケニヤからタンザニアへ行き、キリマンジャロに登頂した。頂上の金属箱に登頂者ノートがあり、霊長類学を率いた今西錦司の名があった。ザンビアのビクトリア滝からは西へ向かった。コンゴ民主共和国では中国のスパイと間違われて独房に入れられ、白人傭兵の脱獄の手伝いもさせられた。すべての車に手を振り、行き先の地名と身振り手振りで車に乗りこむ。道路わきで待つ間、赤土のでこぼこ道の先に日本があると信じるしかない。最も長く車を待ったのはエチオピア南部の村で、二晩待った。日本人を初めて見た村人たちは、お金を集めて手渡してくれた。

アフリカでは、多くの運転手が座席の横にライフルを置いていた。道路わきに野生動物が現れたら、即射殺した。多くのアフリカ諸国は、植民地から独立して一〇年、野生哺乳類が無法状態のまま絶滅していくのかと、強い衝撃を受けた。日本に帰ったら、哺乳類の生態研究をしようと決意した。将来の目標が定まるきっかけになった。

いよいよ最大の冒険に踏みこもうとしていた。サハラ砂漠の縦断である。ヒッチハイカーの一団が砂漠の真ん中で餓死したニュースを耳にしたばかりであった。サハラ砂漠中央で鉱山へ向かう道が分かれていて、その分起点で北へ向かう車を待ち続けた結果であった。たまたま止まってくれたフランス人は、港に日本のマグロ漁船がいると教えてくれた。コートジボワールの首都アビジャンから、一二〇トンの小さなマグロ漁船に六カ月間乗り、延縄漁《はえなわりょう》を手伝い、パナマ運河を経由して太平洋を横断した。神奈川県三崎港に戻ったときは、日本を出発してちょうど一年がたっていた。地球を一周して二〇数カ国のビザと出入国のスタンプで二つのパスポートは真っ黒になっていた。

◉ナキウサギ研究を始める

北海道大学大学院理学研究科に入学して、指導教官の坂上昭一先生に、エゾナキウサギの生態を調査したいと申し出た。坂上先生は社会性ハナバチを精力的に研究されていたが、無理やり承諾してもらった。修士課程の二年間だけという約束であった。

大学一年生の夏山登山で、日高山脈のカムイエクウチカウシ山に夕方たどり着いた。そのとき、「キチッ、キチッ、キチッ」と、初めて耳にする鳴き声が氷河地形の窪んだ谷に響いていた。岩の隙間をすばやく動くナキウサギとの初めての出会いであった。最初の研究テーマに本種を選んだ理由は、体力のあるうちに山登りの経験を生かして、氷河遺棄生物のナキウサギ属の進化を探りたかったからである。

エゾナキウサギ(*Ochotona hyperborea*)は日中に活動し、よく鳴くので、直接に行動が観察できる。四季を通じて観察できる場所として、標高五〇〇ｍの北見地方置戸町《おけとちょう》を選んだ。朝と夕に最も活発であるから、朝五時から夕方七時半まで岩場の前に座り続けた。ひとえに忍耐である。四月から一一月まで年間一五〇日間、独りでキャンプをして、月に一回、町へ食料の買い出しにいく。雨の日は自然科学の本を読む日課であった。観察には一九六八年から約四年を費やした。

エゾナキウサギはドブネズミくらいであるが、一頭で一日一〇〇回は鋭い声で鳴く。鳴き声でオスかメスかが判別できる。一頭一頭を耳の傷などで個体識別して行動圏を調べると、岩塊帯は一夫一妻のなわばりで分割されていた。一部のオスは二、三頭のメスのなわばりを囲っていて、一夫多妻が出現する。岩の上に現れる短い時間、どんな行動も見逃すまいとノートに記録した。おかげで、視野の端で動く野生動物をすばやく捉える動体視力が鍛えられた。冬は寝袋にくるまって岩場の前に座る。鳴き声を聞くために出した耳がちぎれるように痛い。最も低い気温はマイナス三二℃であった。夏は蚊の襲来がすさまじく、頬を叩くと数匹が手のひらに黒胡麻のように張りつく。私の血液にありついた蚊が瞬間に生命を失われることに複雑な気持ちになった。いつも同じ斜面を見続けたので、風に当たる左目が傷ついて、長い年月にわたって目薬が欠かせなかった。

◉ヒマラヤナキウサギ

一九六七年の冬、北半球の高山か高緯度地方に分布するナキウサギを比較するという野望を胸に秘め、独りでネパールへ向かった。カトマンズで買った三〇kgの食料を担いで、四〇〇〇mの冬山に向かう。シェルパを雇う金もなく、放牧のけもの道や住民の生活路に惑わされながらも、上へ行けばナキウサギに会えると考えて登った。

ロイルナキウサギ（*O. roylei*）を観察すると、エゾナキウサギの「常識」が吹き飛んだ。なぜなら、ほとんど鳴かず、鳴き声は非常に弱い。そして、秋には岩の下に植物を貯蔵して冬の食料にするエゾナキウサギとは異なり。ほとんど食物を貯蔵しない。それでも、一頭のオスと一頭のメスがペアで暮らす様子が浮かび上がった。

一九六九年秋、三浦雄一郎氏のエベレスト・スキー滑降隊の偵察隊に参加させてもらい、翌春の本隊が来るまで荷物管理を任された。ペリチェ村（標高四二〇〇m）に滞在しながら、再びナキウサギを調査した。

エベレスト周辺では、標高二八〇〇〜四一〇〇mにはロイルナキウサギ、四〇〇〇〜五六〇〇mにオオミミナキウサギ（*O. macrotis*）が生息することを発見した。両種の境はだいたい森林限界に一致する。ロイルナキウサギのいる斜面と小川を隔てた斜面にオオミミナキウサギがいる場所も見つけた。ロイルナキウサギが朝夕型の活動をするのに対して、オオミミナキウサギは日中型である。哺乳類で世界最高の標高に分布圏をもつオオミミナキウサギは、暖かい日中に活動して体温調節をするのであろう。オオミミナキウサギも稀に弱く鳴くだけであるし、食物貯蔵はほとんどしない。それから五〇年たち、ネパールとインド両国の大学院生がロイルナキウサギの調査を最近始めた。

北米では、アラスカ州にクビワナキウサギ（*O. collaris*）、ロッキー山脈にはアメリカナキウサギ（*O. princeps*）が分布する。エゾナキウサギはシベリア一帯に分布するキタナキウサギの一亜種である。アラスカ州は氷期にも氷で覆われないままであったから、シベリアの哺乳類は海面の低下で陸地になったベーリング陸橋を越えてアラスカへ移住できた。しかし、カナダで発達した氷床のために、アラスカの哺乳類は北米大陸を南下できなかった。

クビワナキウサギはシベリアから渡ってとどまり続けてきたキタナキウサギの子孫なのか、それともクビワナキウサギとアメリカナキウサギは共通の祖先をもっていたが、カナダの氷床で分断されたままでいるのか。それを解決するために、一九七二年、ロータリー財団の留学生として州立アラスカ大学北極生物研究所で一年間過ごした。

鳴き声を録音して分析すると、クビワナキウサギとアメリカナキウサギの声紋は一致していたが、エゾナキウサギとはまったく異なっていた。社会構造も、エゾナキウサギの一夫一妻型とは異なり、北米の二種は夏以降にオスとメスがお互い攻撃的になり、単独なわばりを防衛し、それぞれに食物を貯蔵し始める。

これらの証拠から、北米の二種は近縁であり、エゾナキウサギとはかなり離れていると結論した。二種は共通の祖先をもっていたが、氷期に分断されている間に別種になった。声紋からも、別種と判定できる証拠を得た。氷床が退却して開いた回廊をモンゴロイド人種が南へ移動した後も、この二種は現在八四〇㎞分断されている。

◉青海省の草原ずまい

北海道、ネパール、北米の五種は、岩塊帯の隙間に住む「岩ずまい」である。対照的に、草原に巣穴を掘ってトンネル・システムを作る「草原ずまい」の種は、チベットからロシアの草原地帯に分布する。

一九八七年夏、中国青海省にある標高四〇〇〇mのチベット高原の大草原には、クチグロナキウサギ(*O. curzoniae*)が開けた穴が無数にあった。クチグロナキウサギは巣穴掘りが熱心で、浅い地下にトンネルの迷路を構築していた。草がまばらな岩塊帯と違い、草原には食料が際限なく存在する。そのためか、クチグロナキウサギは子ども一緒に越冬するし、春生まれの子どももその年の夏には繁殖を始める。

生息密度は驚くべきレベルになり、六〇頭／haであった。高い密度は捕食者を惹きつけ、空からは猛《もう》禽類《きんるい》、ケナガイタチやアルタイイタチは巣穴にもぐって捕食する。クチグロナキウサギとしては、トンネルの迷路を作って、捕食者が過ぎ去るまで迷路の片隅にひそむしかない。熱心な巣穴掘りは、捕食者対策と結びついているのであろう。

川沿いなどの湿度が高い場所には灌木が生える。そこには、小型のカンシュクナキウサギ（*O. cansus*）が生息する。灌木の根元を中心に数個の穴が開いていて、私が近づいても、不動の姿勢を続ける。単純なトンネルの構造では、巣穴に逃げても安全ではない。そこで、灌木の陰に身をひそめて、外敵をやり過ごす方法をとっている。二種のナキウサギは植生の違いに対応した対捕食者戦略をもっていた。

エゾナキウサギからスタートし、三〇年近くをナキウサギ研究に費やしてきた。ナキウサギ属という小さな分類グループであるのに、生息環境、対捕食者戦略、社会構造について、ひとくくりにできない多様性をもっていた。この多様性は、寒冷気候の下で発達した、高い標高にある山岳、草原や高緯度地方のさまざまな生態系に適応した結果であった（川道 一九七一a、一九七一b、一九九一）。

◉熱帯のツパイの社会

大阪市立大学理学部生物学科の助手公募があり、滞在していたアラスカから応募したら採用が決まった。ナキウサギ研究を通じて得た、単独行動をする哺乳類の社会を、これからも追究する方向性が固まった。できるなら、進化に関して考察できるテーマが望ましかった。しかし、近畿地方にはたして行動観察できる研究対象がいるのか、大学の仕事と野外観察が両立するのか。簡単に研究テーマが見つけられるはずもない。そんなときに、京都大学霊長類研究所の川村俊蔵氏が、東南アジアのサルを調査する文部省海外科学研究へ参加しないかと誘ってくださった。

そこで、以前から調べたかったツパイ（*Tupaia glis*）を希望した。ツパイは霊長目に属しながら、とてもサルの仲間と思えない風貌である（現在はツパイ目として独立）。ツパイ属の生態は単独行動らしく、霊長類で最も原始的な形態をもつというから、進化の観点からの考察もできそうであった。

良好な調査地を短期間で見つけられるかどうかが、海外の短期決戦の鍵を握る。一九七四年、マレー半島東側のティオマン島にツパイが多いと聞き、島へ渡った。そこでは、箱罠で二五頭が容易に捕獲できた。捕獲地点をずらしていくと、一頭のオス成獣と一頭のメス成獣が行動圏を大きく重複させていた。しかし、十分な調査面積を確保できなかった。

ブキティマの丘は、シンガポール唯一の原生林である。ここを最終調査地に決めた理由は、ツパイが道路わきによく出てくることだ。保護区のため、歩道がめぐらされている。しかし、歩道があると光が射しこんでシダが道路わきに厚いカーテンを作り、道路にいたツパイはカーテンの奥に消えてしまう。ところが、この森は木々が高く、道路わきに生えた草を刈り取る管理がされている。そのうえ、詳細な地図があるので測量する必要がない。

毎日、毎日、歩道をくまなく歩く。出会ったツパイが逃げ去らないように、忍び足で歩く。朝早くから夕方まで、網目のように張りめぐらされた歩道を繰り返し歩くので、かなり体力を消耗する。出会う頻度は平均三七分に一回であった。ツパイはほとんどが単独で行動していた。ツパイは外形がリスそっくりであるが、食性は昆虫食で、日中に落ち葉の下にひそむ昆虫を探す。野生のイチジクも好物である。九六％は地上で目撃したが、木登りも四％あった。

もう一つの作業は生け捕りである。日本からのネズミ用箱罠で、バナナを餌にして簡単に捕まった。一一七頭を捕獲できた。体重の測定、性別を判定した後は、識別用に耳にカラー耳輪を装着し、リスのような尾の毛をハサミでさまざまな形に刈りこんだ。

目撃点と捕獲点を地図に落としていくと、各個体はある範囲に定住していることがわかった。空白の部分が生じた場所に罠を置くと、新しい個体が捕まった。これらの調査方法は、次にムササビを研究するときに、大いに役立った。詳しい調査内容は、『原猿の森』（中央公論社）にまとめた（川道　一九七八）。

オスとメスを分けて目撃点と捕獲地点を地図に記した。オス同士の行動圏はほとんど重複せずに調査地を埋めていた。メス同士の行動圏も同様であった。両性とも約一haの広さであった。同性間の激しい追い出し行動が観察されたから、この空間構造は雌雄とも同性同士のなわばり制に基づくことがわかった。道路が多くのなわばりの境界になっていた。

雌雄の行動圏を重ねあわせると、一オスと一メスの行動圏がぴったり一致していて、「単独行動のペア型」の社会構造が現れた。一オスが二頭のメスの行動圏と重なっていた例が一例、三頭のメスとの重複が一例あった。単独行動ペア型の社会は、同性同士の反発と雌雄で行動圏を一致させる点が基本である。同性同士で行動圏の重複がほとんどなければ、なわばり制が強固であることを示している。

では、なぜメスとオスのなわばり境界が一致するのであろうか。一夫二・三妻の形が存在することから、行動圏の境界を合わせているのはオスであるとわかる。隣接するオスに対しては、自分のなわばり内に住むメスを守るとくべつな動機が働くのだろう。単独性の哺乳類にも、単純に雌雄の行動圏の一致だけではなく、雌雄の結びつきも存在することを示唆する。もっとも、ツパイのメスが発情すると、周辺の隣接オスが三頭も侵入して交尾しようとする。侵入オスに対しては、ペアを組むオスが最大限の戦いに挑む（川道 一九七六a、一九七六b、一九七六c）。

◉ムササビと出会う

近畿地方に就職したからには、京都大学グループが取り組んできた集団性の哺乳類に関するテーマを、卒論生や大学院生に与えると決めていた。指導しながら集団性の社会を身近に考えていきたかった。それは奈良公園のニホンジカと京都嵐山のニホンザルであった。

私自身が追究したい対象は、あくまでも単独行動の種であった。しかし、大阪から足を運べる近距離に、はたしてそのような材料が見つかるのだろうか。日本列島は降水量が多い列島であるから森林が発達する。森林に住む哺乳類は、姿を見つけにくいし、夜行性が多い。見晴らしのよい草原や岩場に、昼行性の哺乳類が多く生息する北米の環境を、何度となくうらやましく思ったことか。

国内でも海外でも旅行中は、車窓からずっと目を離さずにいる。調査地になりそうな場所がないかと、風景を追い続ける。放牧した牛が下草を食べて見通しがよくなった森林でエゾシマリスを、山火事で消失した森林跡でエゾナキウサギを行動観察した。そのような特殊な条件がなければ、日本では直接に行動を観察してデータをとれないと思う。

生態学の研究テーマが先にあって、そのテーマに沿って適切な哺乳類の種を選択することは、不可能であると信じている。むしろ逆に、行動観察できる材料が決まってから、その材料から得られる研究テーマを探すという方向性である。もちろん、最終目標は単独性の社会構造を解明することである。シカの卒業研究に取り組む四回生を連れて、奈良のシカ愛護会へ挨拶にうかがった。そのときに、奈良公園にムササビが住んでいるという話を聞いた。公園内の樹木の分布状態を思い浮かべ、ひらめきを感じた。夜行性で滑空する哺乳類はどんな社会であろうか。

奈良県庁の自然関係の嘱託を務める方に具体的な場所を教えていただいた。一九七六年一二月一三日、ムササビの姿をはっきり確認できた。ムササビはどんな社会を見せてくれるのか。こうして私のムササビ研究は始まった。公務と体力を考えると、これが最後の野外観察になるだろう。できれば、一〇年をかけることにしたい。

ムササビのような滑空性の樹上棲リスは、ほとんど地上に降りることはないから、地上で人々が歩いていても、車が頻繁に通っていても、平気である。だからこそ、都市近くであっても理想的な調査地を見つけられた。そのことはムササビを観察して初めて理解できた。追いかけてくる私を木の上から見下ろして、どうだと言わんばかりである。

一九七八年一二月から一九九一年一月まで、一時期に間隔を空けて、観察期間に九年を超える時間を費やした。その間に、春の嵐による倒木や伐採、マツクイムシによる松枯れが、ムササビの生息条件に悪影響を与え続けた。今は生息密度が低くなり、昔の高密度に比べると、二五%か三〇%までに下がった。あれだけいたムササビが幻だったかと思うほどである。減少の理由は樹木の減少だけとは思えない。

感染症の蔓延か、テンやアライグマの捕食率が高まったためかもしれない。

調査後にときおり訪れたが、慣れ親しんだグレーテルやハラグロがいなくなったときは、研究が終わったなと感じた。

【付録】人とムササビの長い関係——妖怪から観察会まで

平家物語に登場する鵺《ぬえ》、水木しげるの妖怪マンガで有名になった砂かけ婆《ばばあ》、各地に伝わる天狗伝説……。これらの妖怪の多くの実態は、じつは、真っ暗な森の中で深夜、暗闇から暗闇へと滑空するムササビではないのか。

そして、ムササビの骨や土器は、数々の古代遺跡から出土する。日本固有種であるムササビと日本人とは深く長い関係が保たれてきた。

◉妖怪とムササビ

人々の周辺が深い森に囲まれていた時代。正体不明のものや、人がびっくりさせられたり恐怖を与えられた経験に基づいた話は、想像も交え、あるいは子どものしつけのために、より恐ろしげに、囲炉裏端で祖父母から孫たちに語られてきたかもしれない。旅人が旅先で出会った経験や伝聞の話は増幅されて、村から村へ伝わって広がっていったに違いない。

真っ暗な森の中で深夜、「グルグルグル」「キュルル、キュルル」と甲高い声が巨木の梢から降りてくる。頭上を突然、大きな団扇《うちわ》で扇がれたような突風が頬を叩く。昔の人たちは、このような正体のわからないものに出会うと、「もののけ」として畏《おそ》れただろう。夜行性で姿をまじまじと見る機会が少ないムササビは、暗闇で大きな鳴き声をあげ、暗闇から暗闇へと滑空する。「もののけ」のしわざと伝えられてきた妖怪のいくつかは、人里近くにも住むムササビと考えるのが自然である。

◉鵺《ぬえ》

平家物語に源頼政《よりまさ》の「鵺退治」という話が出てくる。その顚末はこのような内容である。一一五三年、丑三つ時（午前二時）、御所の森から黒い雲がわき出して御所（清涼殿）の屋根上に乗り、怪しい声で鳴くため、当時の近衛天皇が苦しまれた。そこで武芸に秀でた源頼政が弓を射て退治した。それは「頭は猿、胴は狸、爪は虎、尾は蛇」という、たいそう怪しげな生き物であった。これこそ鵺と呼んだということである。

鵺とは、もともと正体のわからない生き物を指すが、夜間に鳴くトラツグミとされることも多い。これは気味の悪い鳴き声から、万葉集の時代から鵺と呼ばれていた。退治された怪獣は鵺と決めつけられたが、獣であった。サルのように頭は丸く、眼が大きく、トラのような鋭い手足の爪、ヘビのように長い尾は、ムササビの身体的特徴をうまく表現している。

現在のムササビは社寺林に多く生息し、社寺の建物の天井裏に巣を構えることが多い。天井裏に出入りする隙間は構造的にたくさんある。「森から御所に来る」とあるように、森のムササビが深夜に活動を終えて清涼殿に帰巣する様子がうかがえる。もっとも、現在の御所にムササビは生息していない。建物と林との距離が遠いし、御所一帯は京都の都市内部で孤立した緑地になっているからである。鵺の正体はムササビであろうと、江戸時代後期の儒学者、朝川善庵は推定している。

二条城北方には鵺神社があり、「鵺を退治した矢の血を洗った池」とする石碑が池の端にある。頼政が鵺退治を祈願したという神明神社は、鵺に放った鏃《やじり》を社宝としている。大阪都島区には、鵺が丸木船に乗せられて漂着した場所に建てられた「鵺塚」がある。その他、関西地方のあちこちに、鵺退治にまつわる伝説がまことしやかに語り継がれている。暗闇が昔の人間にとって恐怖と結びついていたことを証するよい例であろう。

◉砂かけ婆《ばばあ》

旅人が夜、松林や神社の辺りで野宿をすると、樹上から一つかみの砂がパラパラと落ちてくる。誰かいると木を見上げても誰もいない。それが「砂かけ婆」という妖怪である。水木しげるの『ゲゲゲの鬼太郎』で有名になった。砂かけ婆が旅人を脅かすという伝説は、奈良県、兵庫県など各地にある。似たようなものに天狗礫《つぶて》というものがあり、突風とともに小石が当たるという。

神社に多く住むムササビは、暗くなって巣から出ると、まず枝の上で糞をする。糞は胡椒《こしょう》の粒くらいの大きさで丸くて硬い。排出された糞は、木の葉に当たって、ぱらぱらと軽い音を立てる。その後まもなく、梢から滑空して去る。人が樹上を見ても、すでに姿はない。暗い空から何か降ってくるというのは、気味の悪い経験であったので、妖怪の仕業とされたのだろう。

◉天狗

天狗は大きな団扇を持っていて突風を起こすという。東京の高尾山や京都の鞍馬山の天狗が有名である。鞍馬山では源義経が鴉《カラス》天狗相手に剣術の稽古をしたという。

ムササビは交尾期になると、オスもメスも活発に木々を飛び回る。ときには人間の頭上すれすれに滑空することもあり、まるで頭の上を突風が通り過ぎたような印象を受ける。天狗の団扇風の正体であろうか。義経は木々の間を滑空するムササビ相手に刀を振り回したのではないだろうか。

ムササビの耳から頬にかけての「もみあげ」部分には、白い毛が生えて目立つ。まるで鴉天狗の頭につけた頭巾《ときん》の顎紐のように見える。現在でも、高尾山にも鞍馬山にもムササビは多数生息している。

◉野衾《のぶすま》

江戸時代後期の平田篤胤《あつたね》の『仙境異聞第三巻』（一八二二年）には、「月夜の事なるが、師の命を受けて山道を通れるに、月の光に見れば、向ふより風呂敷ほどの物ひらひらと飛び来ると見えしが、向ふ二三間と見るほどに、素早く、ついと飛び来て顔に掛からむと為る故に、急ぎ両手を顔にあてたるに、其の上に取付きて、頭を悉《ことごと》く覆ひたり。鼬《イタチ》ほどの物にて鰭《ひれ》あるが、風呂敷の如くにて節々に爪ありて、しがみ付き、堅くしめ付けて鼻息を止めむとす。……俗に鼯鼠という物にて……」。これが野衾という妖怪である。

交尾期にメスを追いかけて飛び回るムササビは、人の頭すれすれに飛ぶこともある。野衾の記述はまさにムササビそのものであり、原本にも鼯鼠に「ノブスマ」のルビを振っている。イタチ大で風呂敷大の飛膜であるというから、間違いなくムササビである。

それより前の一七七九年、鳥山石燕《とりやませきえん》の妖怪画集『今昔画図続百鬼』には、滑空中のムササビが描かれ、野衾とは鼯《むささび》の事なり、と記されている。

◉古代遺跡からの出土

ムササビが妖怪として畏れられた一方で、もっと古い時代では人の身近にいる生活上の重要な獣であった。

縄文時代の各地の遺跡からムササビの骨が多く出土している。大集落を構成していた青森県の三内丸《さんないまる》山《やま》遺跡では、イノシシとシカが少なく、中小哺乳類が多い。骨の七割はノウサギとムササビであった。ウサギに次いでムササビが多かった。青森県八戸市の是川《これかわ》遺跡では、イノシシとシカの大型獣が主である。集落の人々に分配するには大型獣は好ましい獲物であるから、中小哺乳類の比率が多い三内丸山遺跡の謎になっている。

長野県の栃原岩陰《とちはらいわかげ》遺跡（縄文早期）で出土した、中小哺乳類の下顎骨一九五個の内訳を見ると、ノウサギ三七個、ムササビ三七個、テン三二個、アカネズミ三〇個、リス二五個であった。これらの動物を捕まえた理由は、食用か毛皮用と考えられる。肉食獣のテンを除き、食用に使用されたと考えられる。ノウサギ、ムササビ、リスは、肉用だけでなく、毛皮も利用していただろう。

埼玉県の羽沢遺跡から出土した縄文時代約四五〇〇年前の土器は、ムササビを想像させるような土器である（富士見市の水子貝塚資料館で展示）。

次の弥生時代の遺跡である鳥取県の青谷上寺地《あおやかみじち》遺跡でも、多くはイノシシとシカであるが、次に多いのがムササビの骨である。ムササビは解体されたような痕跡がないことから、毛皮を利用したと考えられている。

ムササビの埴輪《はにわ》もある。約一五〇〇年前の千葉県の南羽鳥正福寺《みなみはどりしょうふくじ》一号墳からは、滑空中のムササビの埴輪が出土した。埴輪の前足は二股に分かれているが、一つは手、一つは飛膜を広げる針状軟骨《しんじょうなんこつ》のように見える。ちなみに、現在、本州でムササビが分布していない唯一の県は千葉県であるが、ムササビの大腿骨を装飾用に加工したものが千葉県で出土している（第1章）。

◉ムササビの食べ方

縄文・弥生人は、樹上棲のムササビをどのように捕まえていたのだろうか。日中に樹洞で休息中のムササビを、木に登って捕まえたと想像できる。空になった樹洞は別のムササビが再び使うから、ムササビが利用する樹洞は集落の財産であったのではないだろうか。

ムササビは数十年前まで普通に食用にされていた。四国の徳島県では、捕まえたムササビを野菜とともに煮て、味噌や醤油で味つけをした「ムササビ汁」を冬によく食べた。ノウサギの肉よりは臭くないという。ムササビはほぼ完全な植物食であるから、肉の味は悪くはないと思われる。

秋田・食の民俗シリーズの記述では、バンドリ（ムササビ）の旬は、一一月から一二月末。とくに一二月頃は、クロモジの芽を食べているので、その香りがして最高に美味いという。西木村戸沢のマタギは、大腸の糞をしごいてからよく洗い、これをぶつ切りにして酒カスを混ぜて味噌で煮る。「バンドリのホロホロ」と呼び、酒のツマミとして珍重した。またバンドリのハラゴ（子）は、産前産後によい食べ物として婦人が好んで食べたという。毛皮は防寒用として利用された。

◉ムササビの利用を規制する

「ウサギ追いしかの山」と唱歌に歌われたように、つい近年まで村落の住民は集団や個人で山野に獣を追っていた。ムササビも縄文時代から近世にいたるまで、人々の暮らしに結びつき、肉や毛皮を求めて捕獲されてきた。仏教的宗教観から、四足の獣を食べることがタブー視されていた時代でも、夜行性のムササビは「ばんどり（晩鳥）」と呼ばれ、鳥だから食べてもよいとされていたようである。

明治になって狩猟の規制が始まるまで、野生動物は比較的自由に捕獲されていた。大正時代に、ムササビを「もま」と呼んでいた地方で、「もま」を捕獲し、有罪になった事例もあった。大正一三年、ムササビと「もま」とが同一であることを知らないで、「もま」を捕獲しても罪とならないと信じて捕獲した場合は、法律の不知にあたり、罪を犯す意がないとはいえないとされた判決があった。

ムササビの狩猟頭数は、狩猟統計によると一九三四年の六万三〇〇〇頭をピークに減少した。野生動物の肉を食べる人が減り、毛皮の需要も減ったのが理由である。ムササビの毛皮はどうみても上質ではない。夜間の発砲が禁止であるから、夜行性のムササビを狩猟すること自体が違法を前提としていた。一九九四年にムササビは狩猟獣の対象からはずされ、今はムササビ観察会で里山の森がにぎわう状況にある。

「ますらをの　高円山《たかまとやま》に迫《せ》めたれば　里に下り来《け》るむざさびぞこれ」（巻六―一〇二八　大伴坂上郎《おおとものさかのうえのいらつ》

女《め》）（ご家来衆のますらを方が高円山からこの里にまで追いつめて、やっと捕らえましたムササビでございます。どうかご高覧ください）。

奈良市の高円山には現在もムササビが生息しており、このようなムササビと人間との関係は、万葉集に詠われているように、一〇〇〇年を超えて続いている。

注：付録は「川道武男・川道美枝子　二〇一〇　人とムササビの長い関係　妖怪から観察会まで　BIO-City　No.四六：一–一六」に基づいた。

あとがき

本書は、動物が好きな中学生や、ムササビ観察会に参加する市民が理解できるように書かれている。本書を読んで、近くの社寺でムササビ観察を始める人が増えることを願っている。なるべく多くの人に、滑空を目撃する感激を味わってほしい。すでにムササビ観察を経験した人には、雌雄の識別や個体識別ができるように、少しずつレベルを上げてほしい。本書を読めば、どのような装備で、どこに注目して観察すべきかがわかるだろう。慣れた人には、徹夜の観察にも挑戦してほしい。

哺乳類を対象にする研究者にも、十分刺激を与えられるように配慮した。日本では、長期の野外観察をする研究者が極端に少なくなっている。野外観察の経験をもつ指導教員が激減している状況で、大学院生がどのようにしてデータを蓄積していくのかを、七〇歳の私が書き残す意図も隠されている。

今までお世話になった方々の中で、まず第一に、北海道大学大学院理学研究科の指導教官であった故坂上昭一先生に感謝したい。二年間限りの調査という約束を破って、哺乳類研究がとうとう私のライフワークになってしまった。同じく、所属講座の山田真弓先生は、山岳部の先輩でもあり、私を温かく見守ってくださった。

次に、二〇一三年に亡くなられた科学雑誌「自然」の元編集長の岡部昭彦氏を挙げたい。岡部さんは大学院生時代からずっと目をかけてくださった。哺乳類研究者である妻の美枝子には、弁当を作ってもらうなどして、ムササビ調査に協力してもらった。

ムササビの研究は、三年ごとの国際樹上棲リス会議で口頭発表をしてきた。二〇〇九年に開催されたカナダでの第五回会議では、特別講演として一時間を超えてムササビの発表を行った。二〇一二年の第六回会議は京都で開催し、二月、海外一一カ国から三〇名、国内から三〇名が参加した。私は大会長、妻の美枝子は事務局長として、膨大な仕事をこなした。我々の「おもてなし」に、数々のお褒めの言葉をいただいた。

築地書館の土井社長は、ながらくお世話になっているが、この出版も快諾していただいた。橋本ひとみさんには、編集作業を大いに助けられ、また感心させられた。

大阪に職を得たときに、京都東山にある曾祖父と父が住んでいた明治四三年建築の邸宅に住むことになったが、ときおり訪れた父はそのことを喜んでいた。父が亡くなってから、母と三八年間この邸宅で暮らした。母の介護も二年間経験して、冒険人生に心配をかけていた母親に恩返しできたのではないかと思っている。

二〇一四年一一月七日

川道武男

red-giant flying squirrel, *Petaurista petaurista*, in Taiwan. Journal of Mammalogy 74: 982-989.
宮尾嶽雄．1972．ムササビの腸の長さ．pp.43-44．日本哺乳類雑記第1集．
宮尾嶽雄・西沢寿晃・宮田康夫．1974．ムササビの巣材5例．pp.46-48．日本哺乳類雑記第3集．
文部科学省．2010．資源調査分科会報告「日本食品標準成分表2010」について．
村上二郎．2009．ムササビの皿巣を用いた環境教育．リスとムササビ No.23：13-16.
Murphy, S. M. and Y. B. Linhart. 1999. Comparative morphology of the gastrointestinal tract in the feeding specialist *Sciurus aberti* and several generalist congeners. Journal of Mammalogy 80: 1325-1330.
Muul, I. 1969. Photoperiod and reproduction in flying squirrels, *Glaucomys volans*. Journal of Mammalogy 50: 542-549.
NHK．1991．空飛ぶリス　ムササビは地上を歩かない／語り：宮崎淑子，出演：川道武男（NHK ソフトウェア，1993．NHK ビデオ地球ファミリー29）．
Nowak, R. M. 1999. Mammals of the world. 6th ed. Vol.II. Johns Hopkins University Press.
落合啓二・繁田真由美．2010．千葉県にムササビは生息しているか？ 千葉中央博自然誌研究報告11（1）：37-49.
Ohdachi, S., Y. Ishibashi, M. Iwasa and T. Saitoh. 2009. The wild mammals of Japan. Mammalogical Society of Japan.
岡崎弘幸．2004．ムササビに会いたい！ 晶文社．
岡崎弘幸．2012．ムササビとモモンガが共存する神社（東京都編）．リスとムササビ No.28：9-11.
島田卓哉・齊藤隆．2002．野ネズミにとってドングリは本当に良い餌か？ 森林総合研究所 http://www.ffpri.affrc.go.jp/pubs/seikasenshu/2002/index.html　平成14年度研究成果選集 2002.
Steel, M. A. and J. L. Koprowski. 2001. North American tree squirrels. Smithsonian Institution, Washington, D. C.
菅原光二．1981．ムササビ――その生態を追う．共立出版．
立花繁信．1957．ニッコウムササビの観察．哺乳動物学雑誌1：50-55.
Thorington jr, R. W. and K. Ferrell. 2006. Squirrels, the animal answer guide. Johns Hopkins University Press.
Wang, F.（王 福麟）1985. Preliminary study on the ecology of the complex-toothed flying squirrel. pp.67-69. In: Contemporary mammalogy in China and Japan（T. Kawamichi ed.）pp.67-69. Mammalogical Society of Japan.
矢野真志．2009．人工物を利用したムササビの変わった営巣2例．リスとムササビ No.23：2-4.

引用文献

川道美枝子．2007．清水寺に出現したムササビの母子．リスとムササビ No.19：16．

川道美枝子・川道武男．1984．シマリスの子育て．哺乳類科学48：3-17．

川道美枝子・川道武男・金田正人・加藤卓也．2010．文化財等の木造建造物へのアライグマ侵入実態．京都歴史災害研究 11：31-40．

川道武男．1971a．ナキウサギ社会への探検（1）．自然1月号：54-62．

川道武男．1971b．ナキウサギ社会への探検（2）．自然2月号：98-104．

川道武男．1976a．進化を証言するツパイの社会（1）．自然6月号：26-35．

川道武男．1976b．進化を証言するツパイの社会（2）．自然7月号：74-86．

川道武男．1976c．進化を証言するツパイの社会（3）．自然8月号：56-65．

川道武男．1978．原猿の森――サルになりそこねたツパイ．中央公論社．

川道武男．1982．哺乳類のなわばり．科学52：742-749．

川道武男．1984a．夜をすべるムササビの社会（1）．自然1月号：18-26．

川道武男．1984b．夜をすべるムササビの社会（2）．自然2月号；64-72．

川道武男．1991．ナキウサギ属の進化と比較社会学（第9章）．pp.188-217．現代の哺乳類学（朝日稔・川道武男編）．朝倉書店．

川道武男．1994．ウサギがはねてきた道．紀伊國屋書店．

Kawamichi, T. 1997a. Seasonal changes in the diet of Japanese giant flying squirrels in relation to reproduction. Journal of Mammalogy 78: 204-212.

Kawamichi, T. 1997b. The age of sexual maturity in Japanese giant flying squirrels, *Petaurista leucogenys*. Mammal Study 22: 81-87.

川道武男．1998．観察者を惑わすムササビの睾丸．リスとムササビ No.3：4-6．

川道武男．2010．ムササビの食性（総説）．リスとムササビ No.25：11-19．

Kawamichi, T. 2010. Biannual reproductive cycles in the Japanese giant flying squirrel (*Petaurista leucogenys*). Journal of Mammalogy 91: 905-913.

川道武男・川道美枝子．2010．人とムササビの長い関係　妖怪から観察会まで．BIO-City No.46：1-6．

Kawamichi, T., M. Kawamichi and R. Kishimoto. 1987. Social organizations of solitary mammals. pp.173-188. In: Animal Societies (Y. Ito, J. L. Brown and J. Kikkawa eds.). Japan Sci. Soc. Press, Tokyo.

川道武男・横濱元巳．2008．ムササビの3仔の出産例．リスとムササビ No.21：12-13．

菊池隼人．2015．徳本峠（標高2160m）でムササビの生息を確認．リスとムササビ No.34（印刷中）．

菊池隼人・大原均．2009．ムササビの皿巣が多く出現する生息地．リスとムササビ No.23：7-12．

岸田久吉．1927．ムササビの飛膜の発達に就いて．動物学雑誌39：483-485．

Koli, V. K., C. Bhatnagar and D. Mali. 2011. Gliding behaviour of Indian giant flying squirrel *Petaurista philippensis* Elliot. Current Science 100: 1563-1568.

熊谷さとし．2006．ムササビを調べよう．偕成社．

Lee, P. -F.（李 培芬）, Y. -S. Lin and D. R. Progulske. 1993. Reproductive biology of the

引用文献

Ando, M. and S. Shiraishi. 1993. Gliding flight in the Japanese giant flying squirrel *Petaurista leucogenys*. Journal of Mammalogical Society of Japan 18: 19-32.

浅利裕伸・酒井義孝・佐藤舞子・松岡和樹．2005．地上に降りてきたムササビの観察例．リスとムササビ No.16：12-13.

Asari, Y., H. Yanagawa and T. Oshida. 2007. Gliding ability of the Siberian flying squirrel *Pteromys volans orii*. Mammal Study 32: 151-154.

BBC. 1995. Night gliders. Wildlife on one.

Byrness, G., T. Libby, N. T. Lim. and A. J. Spence. 2011. Gliding saves time but not energy in Malayan colugos. Journal of Experimental Biology 214: 2690-2696.

Goldingay, R. 2000. Gliding mammals of the world: diversity and ecological requirements. pp.9-44. In: Biology of gliding mammals（R. Goldingay and J. Schreibe eds.）. Filander Verlag.

浜田宗治．2000．ムササビ．「小鳥と小動物の森」のたより（４月）．松本市アルプス公園HP（2014年現在削除）.

Hanski, I., M. Monkkonen, P. Reunanen and P. Stevens. 2000. Ecology of the Eurasian flying squirrel（*Pteromys volans*）in Finland. pp.67-86. In: Biology of gliding mammals（R. Goldingay and J. Schreibe eds.）. Filander Verlag.

Hayssen, V. 2008. Reproductive effort in squirrels: ecological, phylogenetic, allometric, and latitudinal patterns. Journal of Mammalogy 89: 582-606.

市原市埋蔵文化財調査センター．2014．研究ノート22．（http://www.city.ichihara.chiba.jp/~maibun/note22.htm）

今泉吉晴．1988．ムササビの滑空距離大記録．アニマ No.184：16-19.

到津の森公園．2006．動物たちのおはなし．なかなか見ることのできないムササビ…その赤ちゃんは…？（2006年４月15日）.

岩崎雄輔．2012．福島県と東京都におけるムササビとニホンモモンガが出会う場所．リスとムササビ No.28：2-6.

梶浦敬一．2014．モモンガとムササビが共存する亜高山帯の針葉樹林．リスとムササビ No.33：18.

金澤秀次・川道武男．2011．屋敷林でのムササビ悠の５年間の繁殖記録．リスとムササビ No.26：2-7.

金澤秀次・川道武男．2012．ムササビ悠の活動性――季節変化と出産・子育ての影響．リスとムササビ No.29：19-23.

金澤秀次・川道武男．2014．ムササビ悠の９回の出産と子育て．リスとムササビ No.32：18-23.

片山龍峯．2008．空を飛ぶサル？ ヒヨケザル．八坂書房.

【サ行】

索引

著者紹介

川道武男（かわみち・たけお）

1944年富山県生まれ。

1967年北海道大学理学部生物学科（動物学専攻）卒業後、同大学大学院博士課程、州立アラスカ大学北極生物研究所に所属。理学博士。

ナキウサギ、ツパイ、ムササビなど単独性哺乳類の社会を研究。

学生時代に世界を放浪し、独立したばかりのアフリカ諸国での野生哺乳類への無法な扱いを目の当たりにし、野生哺乳類の生態研究を決意する。1970年代半ばより、居を京都に移し、奈良の社寺林でムササビを追う。

現在は、ムササビ論文の執筆と、リス・ムササビ ネットワーク事務局として会誌「リスとムササビ」を発行する。

著書に『原猿の森　サルになりそこねたツパイ』（中央公論社）、『ウサギがはねてきた道』（紀伊國屋書店）。共著書に『レッドデータ日本の哺乳類』（文一総合出版）、『現代の哺乳類学』（朝倉書店）、『日本動物大百科　哺乳類Ｉ』（平凡社）、『けものウォッチング』（京都新聞社）、『冬眠する哺乳類』（東京大学出版会）、『温暖化に追われる生き物たち』『移入・外来・侵入種』（以上、築地書館）など多数。

ムササビ　空飛ぶ座ぶとん

2015年2月10日　初版発行

著者　川道武男

発行者　土井二郎

発行所　築地書館株式会社
〒104-0045
東京都中央区築地7-4-4-201
☎03-3542-3731　FAX 03-3541-5799
http://www.tsukiji-shokan.co.jp/
振替00110-5-19057

印刷・製本　シナノ印刷株式会社

装丁　吉野　愛

くわしい内容はホームページで。URL=http://www.tsukiji-shokan.co.jp/

築地書館の本

◎総合図書目録進呈。ご請求は左記宛先まで。
〒一〇四―〇〇四五　東京都中央区築地七―四―四―二〇一　築地書館営業部
《価格（税別）・刷数は、二〇一五年一月現在のものです。》

ネコ学入門

猫言語・幼猫体験・尿スプレー

クレア・ベサント［著］三木直子［訳］◉5刷　二〇〇〇円＋税

群れない動物である猫は、多様なコミュニケーション手段をもっている。なでられたいのは匂いをつけるため。感情によってひげが動き、幼猫時の体験が性格を決める……。猫の心理と行動の背後にある原理をていねいに解説。

馬の自然誌

J・エドワード・チェンバレン［著］屋代通子［訳］

二〇〇〇円＋税

石器時代の狩りの対象から、現代の美と富の象徴まで、中国文明、モンゴルの大平原から、中東、ヨーロッパ、北米インディアン文化まで。生物学、考古学、民俗学、文学、美術を横断して、詩的に語られる馬と人間の歴史。

犬と人の生物学

夢・うつ病・音楽・超能力

スタンレー・コレン［著］三木直子［訳］◉3刷　二二〇〇円＋税

犬は嫉妬や羨望をするか？　うつ病になる？　お腹を見せて眠るのはどんなとき？　50年間、犬の行動について学び研究している心理学者が、誰もが知りたい犬の不思議な行動や知的活動を、人間と比較しながら解き明かす。

都会の野生オウム観察記

お見合い・リハビリ・個体識別

マーク・ビトナー［著］小林正佳［訳］二四〇〇円＋税

大都市サンフランシスコに生息する、野生オウムの群れ。個性豊かなオウムたちと一人の男の親密な交流を通して描かれる、都市の自然と人間社会との関わり。全米ベストセラーの話題作！

くわしい内容はホームページで。URL=http://www.tsukiji-shokan.co.jp/

築地書館の本

狼が語る
ネバー・クライ・ウルフ

ファーリー・モウェット［著］小林正佳［訳］◉2刷 二〇〇〇円＋税

カナダの国民的作家が、北極圏で狼の家族と過ごした体験を綴ったベストセラー。狼たちの社会性、狩り、家族愛、カリブーやほかの動物たちとの関係。極北の大自然の中で繰り広げられる狼の家族の暮らしを、情感豊かに描く。

狼の群れと暮らした男

ショーン・エリス＋ペニー・ジューノ［著］小牟田康彦［訳］
◉6刷 二四〇〇円＋税

ロッキー山脈の森の中に野生狼の群れとの接触を求め決死的な探検に出かけた英国人が、飢餓、恐怖、孤独感を乗り越え、ついには現代人としてはじめて野生狼の群れに受け入れられ、共棲を成し遂げた希有な記録を本人が綴る。

象にささやく男

ローレンス・アンソニー＋グレアム・スペンス［著］
中嶋寛［訳］二六〇〇円＋税

リーダーを射殺され、強い人間不信に陥った象の群れを、私設の動物保護区に引き取った男が、雄大な南アフリカの地で、密猟者との死闘、山火事、大洪水など自然の猛威に耐え、象たちと心を通わせるようになるまでの記録。

ミツバチの会議
なぜ常に最良の意思決定ができるのか

トーマス・シーリー［著］片岡夏実［訳］◉5刷 二八〇〇円＋税

新しい巣をどこにするか。群れにとって生死にかかわる選択を、ミツバチたちは民主的かつ合理的な意思決定プロセスを通して行ない、常に最良の巣を選び出す。長年の観察と研究から、その謎を解き明かす。

築地書館の本

森のさんぽ図鑑

長谷川哲雄［著］　◉2刷　二四〇〇円＋税

間近で観察することがなかなかできない、木々の芽吹きや花の様子がオールカラーの美しい植物画で楽しめる。３００種に及ぶ新芽、花、実、昆虫、葉の様子から食べられる木の芽の解説まで、身近な木々の意外な魅力、新たな発見が満載で、植物への造詣も深まる、大人のための図鑑。

野の花さんぽ図鑑

長谷川哲雄［著］　◉7刷　二四〇〇円＋税

植物画の第一人者が、花、葉、タネ、根、季節ごとの姿、名前の由来から花に訪れる昆虫の世界まで、野の花３７０余種を、花に訪れる昆虫88種とともに二十四節気で解説。花の生態や、日本文化との関わりのエピソードを交えたコラムや、巻末には楽しく描ける植物画特別講座付き。

排泄物と文明

フンコロガシから有機農業、香水の発明、パンデミックまで

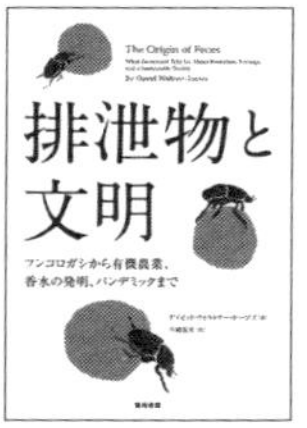

D・ウォルトナー＝テーブズ［著］　片岡夏実［訳］　二二〇〇円＋税

昆虫から、ヒト、ゾウのウンコまで、排泄物を知りつくした獣医・疫学者が、古代ローマの糞尿用下水道から、糞尿起源の伝染病、下肥と農業、大規模畜産とパンデミック、現代のトイレ事情まで、芳しい文明史と自然誌を描く。

母なる自然があなたを殺そうとしている

ダン・リスキン［著］　小山重郎［訳］　二二〇〇円＋税

人の頭の中で成長するハエの幼虫。30年もの間人体で生き続ける線虫。人を刺して5分以内で死に至らしめる毒貝。母親の胎内で生まれる前の弟妹を食い殺すサメ。海鳥を食いつくして絶滅へと突き進むゴフ島のネズミ。自然のダークサイドに魅了された科学者がその世界を案内する。